安全人机工程
课程实施与教学方案

罗宏森　崔铁军　编著

化学工业出版社

·北京·

内容简介

《安全人机工程课程实施与教学方案》将安全人机工程课程实施与教学方案作为科学研究加以阐述和证明。本书主要包括教学理念、先修课程、课程目标、课程内容、课程要求、教学日历、教学单元、课程考核、课程资源、课堂规范、学术诚信、教学合约和其他说明等内容。

本书可为各专业学科中的安全人机工程课程实施与教学大纲方案编制提供参考，从而形成内容丰富、形式规范、考虑全面的教学实施计划。同时也可为相关学科及课程的教学实施大纲和方案编制提供参考，适合高校教师及教学研究者作为参考书使用。

图书在版编目（CIP）数据

安全人机工程课程实施与教学方案 / 罗宏森，崔铁军编著. —北京：化学工业出版社，2023.10
ISBN 978-7-122-44385-4

Ⅰ.①安… Ⅱ.①罗… ②崔… Ⅲ.①安全人机学-教学研究 Ⅳ.①X912.9

中国国家版本馆 CIP 数据核字（2023）第 206255 号

责任编辑：李建丽 石 磊 满悦芝 装帧设计：张 辉
责任校对：李露洁

出版发行：化学工业出版社（北京市东城区青年湖南街 13 号 邮政编码 100011）
印 装：北京盛通数码印刷有限公司
710mm×1000mm 1/16 印张 12¼ 字数 204 千字 2023 年 10 月北京第 1 版第 1 次印刷

购书咨询：010-64518888 售后服务：010-64518899
网 址：http://www.cip.com.cn
凡购买本书，如有缺损质量问题，本社销售中心负责调换。

定 价：68.00 元 版权所有 违者必究

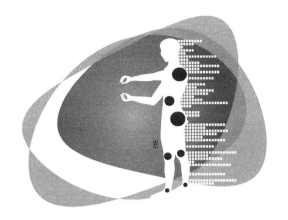

安全人机工程在多个领域都非常重要，其关注人体、机器和环境之间的关系，以确保三者安全和高效工作。安全人机工程学可以提高工作效率，通过针对不同的工作场所和岗位设计相应的人机界面，使员工能够更方便、快捷地操作设备、处理信息等。安全人机工程学可以降低人为差错率，通过改善工作场所的环境、设备的设计以及员工接受的训练等方面，可以最大限度地减少员工因疏忽、错误等不合理操作而引起的事故。此外在航空器驾驶舱设计、医疗设备设计等高精尖领域也发挥着重要作用。

当前开设安全人机工程课程的专业和学校数量众多，编制合理、丰富、规范和具有操作性的课程实施计划与教学方案十分重要。其重要性在于：①确保教学质量的稳定提升：课程大纲是教学的基本依据，规定了教学目标、教学内容、教学方法和评估方式，是保证教学质量的重要方面；②帮助学生明确课程目标和内容：课程大纲是学生了解课程的主要途径，明确了课程的总体目标、每个单元或章节的主题和内容，以及相应的评估方式；③促进教师专业发展：课程大纲编制需要教师对课程目标和内容进行深入思考和规划，有助于提升教师的专业素养和教学能力；④便于课程管理和评估：课程大纲提供了课程的基本框架和实施细则，是课程审议和评估的重要依据。因此大纲编制对于确保教学质量、帮助学生了解课程、促进教师专业发展和便于教师课程管理都具有重要的意义。

为满足学科发展和安全人机工程课程教学的需求，四川师范大学设立了专题项目，研究安全人机工程课程大纲的编制和实施，本书即是项目主要研究成果的集中体现。全书分为5章，由四川师范大学罗宏森撰写第1、2章并统稿成书；沈阳理工大学崔铁军主要负责第 3、4、5 章等内容撰写。

本书可为安全人机工程课程实施与教学大纲方案编制提供参考，也可为相关学科及课程的教学实施大纲和方案的编制提供参考，适合高校教师及教学研究者作为参考书使用。本书重点参考的安全人机工程教材为 2020 年廖可兵和刘爱群在应急管理出版社出版的《安全人机工程学》。

由于编者水平有限，书中若出现不妥之处，恳请广大读者批评指正。

编著者

2023 年 5 月

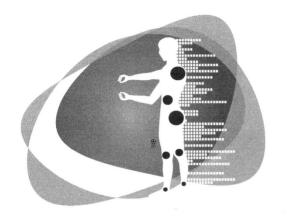

目 录

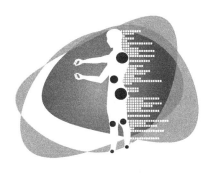

· 第一章 ·

安全人机工程课程实施与方案的准备

1.1 安全人机工程教学理念

安全人机工程学是近几年来发展起来的一门科学，主要从解决"人"与"物"之间界面关系的角度，研究导致活动者伤亡病害等不利的因素作用机理和预防与消除的方法，同时为工程技术设计者提供合理的人体数据与要求，以这些数据和要求指导工程技术人员进行具体工程设计，从而在实现生产效率的同时确保劳动者的安全。通过课程学习，培养学生进行安全人机系统设计、人机系统安全分析与评价的基本能力，使学生深刻领会人机结合面的内涵和人机匹配与安全、工效的辩证关系，并掌握对人机系统隐患进行诊断、评价和防范的方法。

安全人机工程是安全工程专业的专业基础平台课程之一，是安全工程专业的一门必修专业基础课。在该门课程的教学过程中，主要突出以下几点：

（1）以学生发展为中心，突出学生主体地位

激发学生的学习兴趣，在启发、引导、提示情景下使其自主地、深入地学习安全人机工程的基本理论和基本方法，提高学生的思维能力和解决实际问题的能力，增强理论联系实际的能力，培养学生的创新精神，使学生养成善于观察、独立分析和解决问题的习惯。在目标设定、教学过程、课程评价和教学资源的获取等方面都突出以学生为主体的思想，注重学生思维能力与应用能力的培养。在课程实施的过程中，使学生达到在教师指导下构建知识、提高技能、活跃思维、展现个性和拓宽视野的目的。

（2）采用互动式教学方法，提高自主学习能力

培养学生的自学能力、独立思考的能力、敢于创新的能力以及独立解决问题的能力。提倡多看参考书、多思考、兼收并蓄，多动手推演，多总结归纳。充分利用现代教学手段，不断改进教学方式，通过多媒体、手机和网络等手段，组织鲜活的案例材料，并对典型案例进行自由讨论、自主剖析；采用学生代表教学模式，同学讲课、讨论和调查作业展示等方式，使学生得到训练，提高他们发现问题、分析问题、解决问题的能力。同时，在互动过程中，强化学生工程伦理教育，培养学生精益求精的大国工匠精神，激发学生科技报国的家国情怀和使命担当。

（3）尊重个体差异，注重过程评价，促进学生发展

课程评价要有利于促进学生的知识应用能力和健康人格的发展。以注重过程培养促进个体发展为原则，以学生可持续发展能力培养，以激发学生兴趣和提高素质为基本理念。通过对问题进行积极的思考和分析，鼓励多元思维方式并将其表达出来，尊重个体差异。建立能激励学生学习兴趣和自主学习能力发展的课程评价体系，该体系由平时的形成性评价和期末的终结性评价构成。

（4）融合互联网+教育教学模式，实施创新型教学

近年来，慕课、微课、翻转课堂在我国迅猛发展，掀起了一波波信息化教育改革的热潮。在安全人机工程课程教学过程中，通过移动互联网+教育模式，不断丰富信息化教学方法，激发学生自主学习、创新发展的积极性和主动性，学生可通过信息化平台和资源自主获取、分析、加工信息，从而养成独立自主的学习习惯。在教学过程中通过课前设计、课中互动、课后解答、检验等多种方式，结合讨论、案例分析等促进学生对所学理论的理解和运用，以培养其思维能力及创新能力。

（5）以案例为导向优化教学过程，提升自主探索能力

在课堂中引入大量工程实例，将安全人机工程学与工程实践和事故案例相结合，激发学习兴趣。在教学过程中，注重引导学生建立工科思维，学会如何将一个工程的主要矛盾提取出来，并运用所学理论知识综合分析，提出相应的解决措施或方案，即注重培养学生提出问题、分析问题和解决问题的能力。按照实际项目的工作过程来设计教学过程，把教学中的重点、难点内容从理论讲解转化为学生自主探索，让学生通过查阅资料和小组研讨等方式找出可行性解

决方案。

（6）坚持课后练习是教好、学好本门课程的关键

在以往的教学过程中，学生反映的主要问题有两个，一是课上能听懂，但作业不会做，二是前面学的知识，学到后面就忘记，究其原因就是缺乏有效的练习和定期巩固。安全人机工程课程教学过程中要注重作业环节，让学生真正掌握所学知识并灵活运用。在整个教学过程中，要根据正常教学进度布置一定量的作业，并要求学生按时完成。

1.2　安全人机工程课程介绍

1.2.1　安全人机工程课程的性质

安全人机工程是安全工程专业的一门专业核心课，是学生学习专业课、扩充专业知识和从事本专业的科研、生产工作必修的专业理论课程。安全人机工程学是从安全角度出发，运用人机工程学的原理和方法去解决人机结合面安全问题的一门新兴学科。安全人机工程学既属于安全科学的一个分支，又属于系统科学的一个分支，也是人-机-环境系统工程的一个分支，因此它具有多个学科的特点，属于典型的交叉分支学科。它作为人机工程学的一个应用学科分支，将与以安全为前提、以工效为目标的工效人机工程学并驾齐驱，成为安全工程学的一个重要分支学科。安全人机工程学既是一种设计思想和理论，又是一种有效的系统综合设计与评价技术，因此，这门科学已成为推动工业生产发展的新技术动力，它的发展与完善备受工程界与科学技术界的关注与重视。

本课程的教学与学习侧重于准确理解安全人机工程学的基本概念和基本规律，对重要的标准、评价原则和设计方针应理解其制定的目的及适用的范围，以加深学生对本专业课的理解，对其学习其他相关的专业课，提高自学能力与更新本专业知识的能力有所帮助。

1.2.2　安全人机工程课程在专业结构中的地位、作用

安全人机工程学是以事故预防、控制、评价为培养目标，学生主要学习安全工程方面的设计、评价、管理等基本知识和基本理论，并进行人因事故分析、安全设计、工程实训等方面的基本训练，从而培养学生具有安全方面的设计、研究、

评价、监察和管理等方面的基本能力。这对于安全工程专业学生的学习具有不可替代的重要地位，是安全工程专业的核心课程。

根据古典研究和现代事故预防实践的经验，安全事故发生的直接原因中，人的不安全行为和物的不安全状态是两个直接原因。因此要有效预防事故，必须采取解决两个直接原因的综合策略。要解决物的不安全状态，自然科学和工程技术是必需的；而要解决人的不安全行为，则社会科学和管理科学不可或缺。所以，在安全工程专业的课程设置上，既要有工程技术类的课程，也需要有社会科学和管理科学类的课程，体现综合化和交叉化的专业特点。因此，安全人机工程课程的开设，对于安全工程专业构建更为科学的安全学科体系，具有重要价值。

安全人机工程是工科各专业必修的一门学科基础课，其理论严谨，实践性强，与工程实践有密切联系，对培养学生掌握科学的思维方法，培养工程和创新意识有重要作用，为后续课程学习、生产实习、课程设计和毕业设计打下良好基础。该课程的开设，有利于安全工程专业学生在学习中建立工科思维，这对学生而言具有非常重要的意义。

随着我国社会经济发展，人们对安全生产水平的要求不断提高，安全人机工程的应用领域日渐广阔。我国经济高速发展离不开各种安全人机工程学设计，近年来，人因事故有增长的势头，人机安全对国家、社会稳定具有重要意义。安全人机工程不仅涉及安全事故中"机"的因素，也涉及安全系统中"人和管"的内容，该课程的开设，有利于安全工程专业学生在学习中了解安全人机工程基本知识，在以后的工作中运用这些知识来改善安全生产条件，为进一步完善安全管理提供很好的帮助。

1.2.3　安全人机工程课程发展简况及前沿趋势

人机工程学是研究人、机及其工作环境之间相互作用的交叉技术学科。人类的生产、生活、科研等各行各业都离不开人机工程学，从日常使用的筷子到航天飞机都涉及人机工程学。

经验人机工程学。古代没有系统的人机学，但人类所创造的各种器具，从形状的发展变化来看，是符合人机工程学原理的；经过漫长的发展阶段，工具由于人的使用和改进，由简单到复杂逐步科学化。这种实际存在的人与工具的关系问题及其发展，称为经验人机工程学。经验人机工程学研究阶段一直持续到二战之前。

　　科学人机工程学。二战时期是人机工程学发展的第二阶段，即人与机械的关系问题，也是人机工程学的创建期。这个时期一直持续到 20 世纪 50 年代末。二战期间，许多国家大力发展效能高、威力大的新式武器。但忽视了设计中"人的因素"导致误操作而失败的教训屡见不鲜。失败的教训使人们逐步认识到"人的因素"在设计中是不能忽视的一个重要条件，要设计好一个高效能的装备，不仅要有工程技术知识，还必须有生理学、心理学、人体测量学、生物力学等学科方面的知识。这种情况下，人机学诞生。

　　现代人机工程学。到了 20 世纪 60 年代，欧美各国进入了大规模的经济发展时期，这一时期，由于科学技术的进步，使人机工程学获得了更多的应用和发展机会；同时，由于控制论、信息论、系统论和人体科学等理论的建立，应用新理论进行人机系统的研究便应运而生，从而使人机工程学日趋成熟。与人机学建立之初强调"机器设计必须适合人的因素"不同，国际人机工程学学会（IEA）的定义阐明的观念是人机(以及环境)系统的优化，人与机器应该互相适应、人机之间应该合理分工。达到"机宜人"和"人适机"——人机相互适应。人机学的理论至此趋于成熟。

　　安全人机工程的诞生。现代化生产中"机"向着高速化、精密化、复杂化发展，对人的判断力、注意力和熟练程度提出了更高的要求。例如，自动化生产线，虽降低了人的体力劳动强度，但加重了仪表监控者的视力及注意力、判断能力的强度，增加了对人的躯体和颈部活动的限制。其结果是：一方面是人始终影响和决定着"机"的性能发挥；另一方面"机" 增加了人体的负担，甚至给人造成危害。因此"机"若是忽略了活动者的身心特性、生物力学特征，则"机"的功能既不可能充分发挥，而且还会损害人的健康甚至诱发事故。为了安全生产、生活，就要把人与"机"结合起来考虑，要求在"机"的设计、制造、安装、运行、管理等环节中充分考虑人的生理、心理及生物力学特性，把人机作为一个整体、一个系统加以考虑，不仅要高效工作，还应要求保证人处在安全、卫生、舒适的状态。这就促使安全人机工程的诞生。

　　未来，随着工业化、自动化、信息化、智能化的发展，工艺、设施、装备越来越大型化、复杂化，蕴含的能量也越来越集中，致使人因事故的控制难度逐渐增加，不稳定性和不确定性更加突出，对安全人机工程的分析、评价、设计提出了更高的要求，迫切需要更多的科研工作者参与到这项伟大的工程中来。

1.2.4 安全人机工程课程与经济社会发展的关系

安全生产作为保护和发展社会生产力、促进社会和经济持续健康发展的基本条件，是社会文明与进步的重要标志。而安全人机工程学作为经济发展的重要工程领域，为保障人们生命健康，设备和财产等不受损害有间接或直接的作用。

安全生产涉及社会的稳定、人类文明与进步等方面。只要有人的参与，人机系统在生产经营活动中便发挥着不可替代的作用。近年来，我国从法制、体制、机制和投入等方面采取了一系列措施，使安全状况不断得到改善，但同时仍然存在人机系统安全生产事故多发、频发的现象。从系统安全的角度出发，深入了解人机系统安全问题产生的原因、机理及事故预防的方式方法尤为重要。这正是安全人机工程学这门课需要研究和解决的问题。

1.2.5 学习安全人机工程课程的必要性

事故的发生是人的不安全行为和物的不安全状态共同作用的结果，其物理本质是一种意外释放的能量。人机系统作为国民经济的主要装备，其安全问题对个体生命财产和国家、社会稳定具有重大的影响。随着科技的进步和生产工艺的改进，不少企业在实现物质的本质安全化方面已取得较大进展，但仍然存在大量的人机系统安全事故，迫切需要专门的技术人才去解决人机系统安全问题。开设安全人机工程课程，使学生掌握安全人机工程学的基本概念和基本原则，深刻领会人机结合面的内涵和人机匹配与安全、工效的辩证关系，掌握对人机系统隐患进行诊断、评价和防范的方法，具有进行安全人机系统设计、人机系统安全分析与评价的基本能力，具有运用安全人机工程原理解决人机系统安全问题的能力。了解安全人机工程学的历史及发展方向和主要的研究领域，为人机系统的安全性设计、分析与评价，事故分析与安全设计等问题提供坚实的理论知识。

1.2.6 学习安全人机工程课程的注意事项

安全人机工程学拥有完整的理论系统，逻辑性强，各部分相互贯通、相互渗透、互相联系、不可分割。在学习过程中以概念为基础，通过概念、判断、推理的形式，认识安全人机工程的本质；通过归纳与演绎（从个别到一般、从一般到个别）、分析与综合（分析是综合的基础，综合是分析的完成）等，对概念、定理深入理解，全面掌握分析和解决问题的思路和方法。同时，运用联系与类比的方法，剖析基本概念和基本定理。应指导学生注意将理论体系与工程应用相结合，并让学生注意以下事项：

① 完成课前预习任务。在学习安全人机工程课程的过程中，提前完成预习任务，应妥善安排时间，提前预习新一周的课程，厘清新概念新知识点，找出教材中重点、难点和自己感到费解的地方。带着问题来上课，才能使学习目的性更强，有助于理解课堂上讲解的内容，从而可以提高学习效率，事半功倍。

② 上课务必认真听讲。课堂内容环环相扣，前后衔接，还有较多难点，如有不懂的地方应及时提出，可利用线上平台提问问题，也可在答疑时间到答疑地点当面提疑。要求同学们注意理解不同知识领域之间的关系，学生需要建立全局、系统的专业视角，而不是孤立地看待某一个具体问题。通过前后知识点的相互联系，可以把新旧知识有效的关联，变新知识为已有学习的旧知识点，提高学习的效果。

③ 积极参与课堂讨论环节。安全人机工程课程的讨论环节主要包括工程案例和事故分析、练习题讨论和作业总结讨论几个方面内容，分小组进行。讨论是发挥学生主体性，应用理论知识解决工程实践问题，巩固学习效果，加深学习印象的重要教学环节，每个同学都必须积极参与，才能达到应有的效果。

④ 强调自学能力的培养和提高。在有限的课堂教学时间里，只能学习课程中的主要内容和重要知识点，这就需要学生在学习过程中，不仅学会知识点（"鱼"），还要学习并掌握学习的方法和技能（"渔"）。遇到问题和困惑，能够充分发挥自身的主观能动性，通过查询资料、收集信息，积极分析问题，独立思考，勇于发现，大胆探索，做出判断，并最终解决问题。

⑤ 注重实验环节。实验课是对理论课的补充和实践，需要认真查阅相关资料，完成课前、课中、课后各环节实验设计要求，并认真进行课程实验环节的学习，并认真按时地完成实验报告。

⑥ 认真独立地完成作业。听懂不等于会做，课后习题及作业是复习巩固所学知识的良好资源，认真独立完成作业是基本要求，若实在不会可请教同学或老师，但不可抄袭他人作业。

⑦ 强调理论联系实际。在学习过程中应从具体工程技术入手，将自己设定为企业安全工程师或安全管理人员，注重在实践中运用，并能有效地解决生产过程

中的实际问题。还要加强安全学原理、安全管理学、安全系统工程学等理论和方法在安全人机工程课程中的实践运用。

1.3 先修课程

在学习安全人机工程课程之前，学生需要学习概率论与数理统计、高等数学、安全学原理、安全系统工程、安全管理学等专业核心课程。

通过概率论与数理统计、高等数学的学习，让学生理解可靠度的定义及其度量，深刻理解影响人的可靠度的因素，进而掌握人机系统的可靠度的计算方法，熟练掌握人机系统安全评价定量方法。

通过安全学原理的学习，使学生掌握事故致因理论，了解事故的影响因素，意识到在人-机-环境这三个子系统中，人-机是主要的影响因素，控制事故需要控制人-机-环境等系统因素，不能局限于其中一个因素。

通过安全系统工程的学习，使学生掌握用系统思想分析问题，运用先进的系统工程的理论和方法，对安全及其影响因素进行分析和评价，建立综合集成的安全防控系统并使之持续有效运行。

通过安全管理学的学习，使学生掌握安全管理的基本理论和方法，能够应用安全管理技术和方法，实现系统安全和本质安全；具备事故调查、现场处置与组织协调能力，掌握事故预防技术与机制；理解安全文化的作用，关注国家安全，培养学生的国家安全意识。通过先修课的学习，让学生掌握人机系统工作的原理、方法和标准；掌握人机设计在人因事故系统里起到的重要作用，但同时人机设计也是最难控制和最薄弱的环节。通过前期课程的学习，让学生意识到事故控制需要控制物（机械设备）的不安全状态，而不安全状态的控制可以从物（机械设备）的角度想办法，同时也让学生思考事故预防需要从人-机-环境-管理系统角度出发，注重人的作用。

1.4 安全人机工程课程目标

1.4.1 知识与技能方面

通过本课程的学习，使学生掌握安全人机工程学的基本概念和基本理论，深刻领会人机结合面的内涵和人机匹配与安全、工效的辩证关系，掌握对人机系统隐患进行诊断、评价和防范的方法，具有进行安全人机系统设计、人机系统安全分析与评价的基本能力，具有运用安全人机工程原理解决人机系统安全问题的能力。使学生掌握机械安全防护装置的设计原则和分类，掌握人机系统在运行使用过程中的安全要求和技术，具备解决人机安全问题的思维方法和知识结构。培养学生分析、判断人机系统运行的安全性及其潜在的危害性的能力，避免安全事故的发生。同时为学习其他专业技术知识和今后从事安全技术工作提供必要的专业知识，以适应未来工作岗位的需要。

1.4.2　过程与方法方面

在安全人机工程课程教学过程中，应突出学生主体，使学生在观察、自主思考、推理与判断、分析与解决问题方面的能力有明显提高，对人机系统安全的基本原理和方法能够举一反三，并能够正确、灵活运用，体现注重实际应用技能的培养目标。

通过教学设计，采用提问式、启发式、联想式、类比式等方式，引导学生主动思考，发挥学生的主体性及能动性，积极参与课堂活动，引导学生建立工程问题的思维方式及分析方法，树立总体国家安全观和安全的发展观。引入事故案例、工程实例，采用小组讨论、学生讲解等方式，让学生利用所学知识去分析事故原因，将所学的理论知识转化为解决实际问题的能力，培养发现问题、分析问题和解决问题的能力；注重作业环节和学生反馈，通过教学平台和学生作业及时掌握学生的学习效果和问题反馈，对教学漏洞进行补充和讲解，形成课前-课中-课后的教学闭环。

要鼓励学生勇于质疑，不轻易苟同他人意见，大胆发表自己独特的见解。在教学中要给学生留有思考、探究和自我开拓的余地，要善于把教学内容本身的矛盾与学生已有的知识、经验间的矛盾作为突破口，启发学生去探究"为什么"，使学生的思维活跃起来，使学生勤于思考，乐于思考，从而更加积极主动地投入学习。

通过学习，了解人机系统安全事故发生过程并能够解析事故原因，初步具有将思维形象转化为问题意识的能力；掌握收集、分析、整理参考资料的技能；能够设计一般问题解决方案，初步具有对方案可行性分析的能力，并能够提出切实可行的总体方案。

1.4.3　能力和情感的培养

① 培养学生自主学习的能力。通过学习养成积极思考问题、主动学习的习惯，能保持对安全人机工程问题原因及处理方式的好奇，体会参与创造活动的美妙，将安全人机工程知识应用于日常生活、生产活动中，引导学生参与观察、实训、调研、设计解决方案等科学实践活动。

② 培养学生科学严谨的态度。安全人机工程是综合系统学科，整个教学过程中应该秉承科学严谨的态度，实事求是，引导学生分析问题也应一切从客观实际出发，不能做毫无根据的揣测，培养学生建立严谨的治学态度。

③ 培养学生的爱国主义情操。在教学过程中渗入我国在该学科领域的研究进展以及先进技术，让学生看到我国的进步和发展，以及在科技上的领先地位，增加民族自信心、荣誉感和使命感。

④ 培养学生的责任感。教学过程中有意识地传授作为知识分子的责任感和使命感，安全工程专业的目的即是事故预防，降低灾害的发生，作为本专业的学生应该具备高度的责任感，认真学习专业知识，造福社会，利国利民。

⑤ 培养学生树立"安全发展观"。通过安全人机工程事故案例的分析，让学生掌握发展是安全的基础，安全是发展的条件，深刻理解"安全第一、预防为主、综合治理"的安全生产方针，树立安全发展观。

⑥ 培养学生强化"勇于担当"的道德观。通过对安全人机工程学中人因事故原因分析，了解人的因素的重要性，进而加强对安全人员职责要求的理解，使学生深入理解"恪尽职守，依法履行职责"的内涵，树立正确的道德观和责任意识。

1.5　安全人机工程课程内容

1.5.1　安全人机工程课程的内容概要

安全人机工程课程的理论课主要包括六部分内容，主要内容如下：

① 绪论：人机工程学、安全人机工程学、安全人机工程学与相关学科的关系。拓展内容：人-机-环境系统及工程概论、安全科学、安全科学的基础理论、安全科学技术体系、工程伦理。

② 人体的人机学参数：人体有关参数测量、人体测量数据的应用。拓展内容：事故致因理论、威格里斯沃思模型。

③ 人的生理和心理及生物力学特征：人的生理特性与安全、人的心理特性与安全、人体生物学、脑力负荷、疲劳与恢复。拓展内容：人的生理适应性、作业能力的动态分析、习惯与错觉、海事案例分析。

④ 安全人机功能匹配：人机系统的基本概念、机械的安全特性、人机功能匹配。拓展内容：案例分析。

⑤ 人机系统的安全设计与评价：人机系统的安全设计与评价概述、人机界面的安全设计、作业环境设计、安全防护装置设计、人机系统的安全与可靠性。拓展内容：方向盘的设计、系统安全综合评价法、人机系统的连接分析方法。

⑥ 安全人机工程学的实践与运用：工作空间及其设计、手持工具的安全人机工程、控制室的安全人机工程、显示终端（VDT）的安全人机工程、办公室的安全人机工程、产品人性设计中的安全人机工程、道路交通运输安全人机工程、海军装备领域中的安全人机工程。拓展内容：案例分析。

1.5.2　安全人机工程教学重点、难点

（1）绪论

重点：掌握人机工程学、安全人机工程学的基本概念、基本理论、掌握安全人机工程学与相关学科的关系。

难点：人机工程学、安全人机工程学研究的目的、内容、方法以及应用领域。

（2）人体的人机学参数

重点：掌握人体参数的测量、人体测量数据的应用。

难点：人体测量数据处理的 5 个步骤、人体尺寸在工程设计中的应用。

（3）人的生理和心理及生物力学特征

重点：掌握人的生理特性与安全、人的心理特性与安全、人的反应、脑力负荷、疲劳与恢复相关定义与特点，掌握作业时的生理变化、疲劳的机理、测量及改善方法。

难点：主观评价法、主观负荷评价法、NASA-TLX 主观评价法、脑力负荷的测量方法。

（4）安全人机功能匹配

重点：掌握人机系统的基本概念和功能，掌握人、机的不同特性及人机功能

的分配原则。

难点：机械的组成及在各状态的安全问题、人机特性比较、人机功能分配。

（5）人机系统的安全设计与评价

重点：人机系统安全设计原则、设计内容以及安全设计步骤。人机界面设计原则、显示器设计、显示器和控制器的配置设计、可维修性设计具备对人机系统进行安全设计的初步能力。

难点：作业环境设计、安全防护装置的设计原则、可靠性的定义及其度量、人的可靠性分析方法、机械的可靠性问题、人机系统的可靠度计算。

（6）安全人机工程学的实践与运用

重点：工作空间及其设计的有关概念以及原则、手持式工具设计的人机要求、把手设计、使用布局设计、控制室的平面布置控制室中心设计、影响 VDT 操作者健康的人机因素分析。

难点：智能型办公室的安全人机工程要求与实现、人性设计的具体要求、汽车的人机系统设计。

1.5.3　安全人机工程学时安排

安全人机工程是在安全工程专业开设的一门专业课程，2.5 学分，44 学时。其中理论课 32 学时，课内实验 12 学时，理论课内容主要有绪论、人体的人机学参数、人的生理和心理及生物力学特征、安全人机功能匹配、人机系统的安全设计与评价、安全人机工程学的实践与运用等内容，具体学时安排见表 1.1 所示。实验学时内容主要包括人体静态尺寸测量实验、运动时反应时测定实验、明度适应测试、手指灵活性测试、视野的测定、动觉方位辨别能力的测定，具体学时安排见表 1.2 所示。

表 1.1　理论课时安排

序号	章名	学时分配
第一章	绪论	4 学时
第二章	人体的人机学参数	4 学时
第三章	人的生理和心理及生物力学特征	6 学时
第四章	安全人机功能匹配	4 学时
第五章	人机系统的安全设计与评价	8 学时
第六章	安全人机工程学的实践与运用	6 学时

表 1.2　实验课时安排

序号	实验内容	学时分配
1	人体静态尺寸测量实验	2 学时
2	运动时反应时测定实验	2 学时
3	明度适应测试	2 学时
4	手指灵活性测试	2 学时
5	视野的测定	2 学时
6	动觉方位辨别能力的测定	2 学时

1.6　本章小结

课程实施与方案的准备是后期制定教学计划的基础，同时也决定了教学大纲实施和方案编制的成败。因此课程实施与方案的准备应实现下列目标：

了解学生的基本情况，如学习动机、先前的知识背景、专业基础等，这有助于确定课程难度和授课形式。

设定学生的学习目标，明确课程结束后学生应掌握的知识和技能，这需要用可以测评或识别的方式描述教学目标，以便观察和评估学生的学习效果。

根据学生的学习效果，设计课堂教学活动，引导学生向教学大纲中列举的目标前进。

应注意的是，不同学校编制教学大纲的前期工作可能有所不同，建议根据实际情况进行调整。

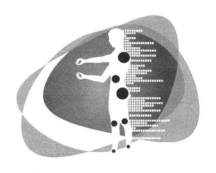

· 第二章 ·

安全人机工程教学日历及其编制与实施

2.1 教学日历的作用

教学日历是一种重要的教学文档，用于帮助教师组织和管理课程的教学计划和安排。它是一个参考工具，可以确保教学的顺利进行，并为教学质量监控提供依据。教学日历的作用包括：

① 明确教学进程：根据教学日历中的日期和时间，可以明确教学进程，包括每个教学单元的起止日期、每周的课程安排等。这有助于教师提前做好备课和教学准备。

② 规划教学内容：教学日历中的教学内容和课程安排可以帮助教师规划每堂课的教学内容，确保教学任务的顺利完成。

③ 协调教学进度：教学日历可以帮助教师协调不同课程之间的教学进度，确保各科教师能够按照预定的教学计划进行教学。

④ 监控教学质量：教学日历可以作为教学质量监控的依据，教师可以根据教学日历中的安排来检查自己的教学质量，及时发现并解决问题。

⑤ 方便学生参考：教学日历也可以为学生提供参考，帮助学生了解课程的安排和进度，有助于学生合理安排自己的学习时间和计划。

教学日历是进行教学管理和质量监控的重要工具，有助于提高教学质量和学生的学习效果。

2.2　教学日历的编制依据

一般情况下教学日历应该依据如下事项进行编制。

① 教学大纲：教学日历应根据教学大纲的要求编制。教学大纲是规定课程性质、目标、内容、教学组织及教学方法的重要文件，是课程实施的依据。教学日历中的教学内容应与教学大纲相一致，包括课程的目标、教学内容的安排、教学进度等。

② 校历和教学进程：教学日历的编制应依据学校的校历和教学进程。校历是学校制定教学计划和课程表的依据，教学日历中的教学时间应与校历中的节假日、考试时间等相协调，确保教学的顺利进行。同时，教学日历也应遵循教学进程的安排，确保不同课程之间的教学进度相互协调。

③ 学生情况：教学日历的编制还应考虑学生的实际情况，如学生的年龄、认知水平、学习特点等。这有助于教师根据学生的实际情况调整教学进度和教学方法，提高教学效果。

④ 其他因素：此外，教学日历的编制还应考虑其他因素，如教师的教学经验、课程的特点等。这些因素会影响教学日历的编制，需要综合考虑。

由此可见，教学日历应依据教学大纲、校历和教学进程以及学生的实际情况等因素进行编制，以确保教学的科学性和有效性。

2.3　教学日历编制

为了确保课程的有序实施，开学初，首先制定并提交课程教学日历，安全人机工程课程理论学时安排在 1～16 周，课内实验安排在 1～12 周，对本课程的教学内容做出大致的安排如下。

学时	授课内容 （章节名称）	授课方式及要求	备注
2	一、绪论（上） 1. 人机工程学的命名及定义 2. 人机工程学的起源与发展 3. 人机工程学的研究内容与方法 4. 人机工程学体系及其应用领域	讲授教学课件＋观看图片＋课堂讨论＋上网调查 ①了解学习人机工程学的必要性； ②了解我国人机研究内容与方法； ③人机工程学体系及其应用领域	提问：当前我国人机工程学基本概况是什么？

续表

学时	授课内容 （章节名称）	授课方式及要求	备注
2	一、绪论（下） 1．安全人机工程学的命名及定义 2．安全人机工程学的科学对象 3．安全人机工程学的研究内容 4．安全人机工程学的研究方法 5．安全人机工程学的研究目的和任务 6．安全人机工程学与相关学科的关系 7．安全人机工程学的诞生与展望	讲授教学课件+课堂讨论+课内实验 ①了解安全人机工程学的定义；②了解安全人机工程学的科学对象、研究内容；③掌握安全人机工程学的研究方法、研究目的和任务；④掌握安全人机工程学与相关学科的关系	提问：常见人机事故主要类型、原因分析和预防措施？
2	二、人体的人机学参数（上） 1．人体尺寸测量的基本知识、基本术语 2．有关参数的测量与计算 3．人体测量的数据处理	讲授教学课件+课堂讨论+课堂作业 ①了解人体测量的基本知识；②了解人体测量的基本术语；③深刻理解参数的测量与计算；④掌握人体测量的数据处理	提问：人体测量的目的是什么？
4	二、人体的人机学参数（下） 1．人体测量数据的运用准则 2．人体尺寸在工程设计中的应用 3．人体数据应用举例 安全人机工程实验 人体静态尺寸测量实验	讲授教学课件+课堂讨论+课堂作业+课内实验 ①掌握常用的人体测量数据的运用准则；②掌握人体尺寸的灵活应用	提问：如何应用人体尺寸？
6	三、人的生理和心理及生物力学特征（上） 1．人的生理特性与安全 2．人的心理特性与安全 安全人机工程实验 1．运动时反应时测定实验 2．明度适应测试	讲授教学课件+课堂讨论+课堂作业+课内实验 ①了解人的感知特性、人的反应时间；②了解人体活动过程的生理变化与适应；③理解安全心理学定义和研究内容；④理解心理过程特性与安全；⑤理解个性心理特性与安全；⑥理解非理智行为的心理因素；⑦理解颜色对心理的作用	提问：举例真实发生的事故，让学生从生理和心理方面分析事故的原因是什么？
8	三、人的生理和心理及生物力学特征（中） 1．人的生物力学的一般知识 2．人体各部分的操纵力 3．人体动作的速度与准确度 4．影响人体作用力的因素 安全人机工程实验 1．手指灵活性测试 2．视野的测定 3．动觉方位辨别能力的测定	讲授教学课件+学生讲课+观看视频+课内实验 ①了解人体生物力学的一般知识；②理解人体各部分的操纵力；③理解人体动作的速度与准确度；④掌握影响人体作用力的因素	提问：举例真实发生的事故，让学生从生物力学方面分析事故的原因，进而对人机学设计提供思路是什么？
2	三、人的生理和心理及生物力学特征（下） 1．脑力负荷的概念和影响因素 2．疲劳与恢复的概念 3．影响作业疲劳的因素 4．疲劳的改善与消除	讲授教学课件+案例分析+课堂讨论+学生讲课 ①了解脑力负荷的概念和影响因素；②掌握脑力负荷的测量方法；③了解疲劳的概念；④理解疲劳的分类和产生机理；⑤理解影响作业疲劳的因素；⑥掌握疲劳的改善与消除	提问：举例真实发生的事故，让学生从脑力负荷和疲劳方面分析事故的原因是什么？

学时	授课内容 （章节名称）	授课方式及要求	备注
4	四、安全人机功能匹配 1. 人机系统的基本概念 2. 机械的安全特性 3. 人机功能匹配	讲授教学课件+课堂讨论+学生讲课+案例分析 ①了解人机系统的类型和功能；②了解机械的组成及在各状态的安全问题；③理解人机的主要功能及其比较；④掌握人机功能分配的含义、原则及对人机系统的影响	提问：举例说明因安全人机功能匹配不当而发生的事故有哪些？
2	五、人机系统的安全设计与评价（上） 1. 人机系统安全设计原则、内容、步骤 2. 人机界面设计原则 3. 显示器、控制器、可维修性设计	讲授教学课件+课堂讨论+案例分析 ①了解人机系统安全设计原则、内容和步骤；②理解人机界面设计原则；③深刻理解显示器和控制器设计的具体内容和理念；④掌握显示器和控制器的配置设计原则及内涵；⑤深刻理解可维修性设计的要点	提问：与显示器和控制器有关的事故有哪些？
4	五、人机系统的安全设计与评价（中） 作业环境设计	讲授教学课件+课堂讨论+案例分析 深刻理解温度、光环境、色彩环境、尘毒作业环境、噪声与振动环境、异常气压环境、辐射环境的分类、标准等基础知识	提问：作业环境和安全防护装置不当而发生的事故有哪些？
2	五、人机系统的安全设计与评价（下） 1. 人机系统的安全与可靠性 2. 安全防护装置设计	讲授教学课件+课堂讨论+案例分析 ①理解可靠性的定义及其度量；②深刻理解影响人的可靠性因素；③深刻理解人的失误与人因事故的原因及预防；④掌握人机系统的可靠性计算方法；⑤理解提高人机系统安全可靠性的途径；⑥掌握安全防护装置的作用与分类；⑦掌握安全防护装置的设计原则；⑧掌握典型安全防护装置的设计原则	思考：如何进行人机系统可靠性的计算
2	六、安全人机工程学的实践与运用（上） 1. 工作空间及其设计 2. 手持工具的安全人机工程	讲授教学课件+课堂讨论+案例分析 ①深刻理解工作空间的安全人机工程的思想和内涵，做到灵活应用；②深刻理解手持工具的安全人机工程的思想和内涵，做到灵活应用	讨论：举例坑道作业人机实践应用
2	六、安全人机工程学的实践与运用（中） 1. 控制室的安全人机工程 2. 显示终端的安全人机工程 3. 办公室的安全人机工程	讲授教学课件+课堂讨论+案例分析 ①深刻理解控制室的安全人机工程的思想和内涵，做到灵活应用；②深刻理解显示终端的安全人机工程的思想和内涵，做到灵活应用；③深刻理解办公室的安全人机工程的思想和内涵，做到灵活应用	讨论：举例太空舱领域的人机实践应用
2	六、安全人机工程学的实践与运用（下） 1. 产品人性设计中的安全人机工程 2. 道路交通运输安全人机工程 3. 海军装备领域中的安全人机工程	讲授教学课件+课堂讨论+案例分析 ①深刻理解产品人性设计中的安全人机工程的思想和内涵，做到灵活应用；②深刻理解道路交通运输安全人机工程的思想和内涵，做到灵活应用；③深刻理解海军装备领域中的安全人机工程的思想和内涵，做到灵活应用	讨论：举例其他领域行业人机实践应用

2.4　教学日历的实施

教学日历的实施可以根据教学的不同阶段有所不同。

（1）制定教学日历：根据教学大纲、校历和教学进程以及学生的实际情况等因素，制定具体的教学日历。教学日历应包括课程名称、授课专业、年级、授课日期、授课学时安排、授课内容、考试时间等详细信息。

（2）发布教学日历：制定好的教学日历应及早发布，让学生和教师都了解课程的安排和进度。学生可以据此安排自己的学习计划，教师也可以根据教学日历做好教学准备。

（3）执行教学日历：按照教学日历中的安排，教师进行备课、授课和考试等工作。在教学过程中，教师应遵循教学日历中的进度和安排，确保教学的顺利进行。

（4）调整教学日历：在教学过程中，可能会出现一些不可预料的情况，如教师调整、教学进度变化等。因此，需要根据实际情况对教学日历进行适时调整，以保证教学的顺利进行。

教学日历的实施需要制定、发布、执行和调整等步骤，以确保教学的科学性和有效性。同时，教学日历也是教学质量监控和教学评估的重要依据之一。

2.5　本章小结

本章从教学日历的作用、编制依据、日历编制和实施四个方面讨论了教学日历的特点和作用。并针对安全人机工程制定了详细的教学日历，从而作为教学进度的依据。

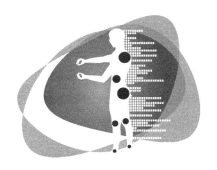

· 第三章 ·

教学过程与教学单元

　　本章对安全人机工程学的课程进行详细的教学过程规划，并执行明确的课程实施方案，共分为 14 个教学单元。

3.1　教学单元一——绪论（上）

授课过程

课程名称	安全人机工程学	章节名称	绪论	学时	2
教学日期	第 1 周				
教学目标					
① 了解学习人机工程学的必要性。					
② 了解我国人机研究内容与方法。					
③ 了解人机工程学体系及其应用领域。					
④ 了解人机工程学的定义。					
主要内容					
① 人机工程学的命名及定义。					
② 人机工程学的起源与发展。					
③ 人机工程学的研究内容与方法。					
④ 人机工程学体系及其应用领域。					

自学：人机工程学的命名及定义。

拓展：人-机-环境系统及工程概论、工程与技术、引入事故案例，引起学生思考。

重点：人机工程学的定义，体系以及应用领域，工程与伦理，人机工程学的研究方法。

难点：人机工程学的内涵与方法。

教学过程

第一节　人机工程学（了解）

导入：孙悟空的棍棒为什么是这样的？

问题：讨论人机工程学的核心理念。

一、人机工程学的定义

国际人机工程学会（International Ergonomics Association，IEA）对人机工程学的定义为：研究人与系统中其他因素之间的相互作用，以及应用相关理论、原理、数据和方法来设计以达到优化人类和系统效能的学科。

人机工程学专家旨在设计和优化任务、工作、产品、环境和系统，使之满足人们的需要、能力和限度。

《中国企业管理百科全书》将人机工程学定义为：研究人和机器、环境的相互作用，使设计的机器与环境系统适合人的生理、心理等特点，达到在生产中提高效率，确保安全、健康和舒适的目的。

一般定义：人机工程学是以人的生理、心理特性为依据，应用系统工程的观点，分析研究人与产品、人与环境以及产品与环境之间的相互作用，为设计操作简便、省力、安全、舒适，人-机-环境的配合达到最佳状态的工程系统提供理论和方法的学科。

二、人机工程学的研究目的

设计机器和设备及工艺流程、工具以及信息传递装置与信息控制设备时，必须考虑人的各种因素——生理的和心理的及人体测量参数、生物力学的需要与可能，使人操作简便、省力、快速而准确，使人的工作条件和工作环境安全卫生和舒适。最终目的是使人机系统协调，保障人的安全健康并提高工作效率。

三、人机工程学的研究内容

人的因素方面，主要包括人体生理、心理、人体测量及生物力学、人的可靠性。

机的因素方面，主要包括显示器和控制器等物的设计。

环境因素方面，主要包括采光、照明、尘毒、噪声等对人身心产生影响的因素。

人机系统的综合研究，研究人机系统的整体设计；岗位设计；显示器设计；控制器的设计；环境设计；作业方法及人机系统的组织管理等。

四、人机工程学的研究方法

实测法（measure method）

实验法（experiment method）

分析法（analysis）

调查研究法（survey）

计算机仿真法（simulation）

感觉评价法（sensory inspection）

图示模拟和模型试验法（model）

五、人机工程学的发展简史

原始人机关系-经验人机关系-科学人机工程学

经验期-创建期-成熟期

经验期：1884 年起，三大实验（肌肉疲劳试验、铁锹作业试验、砌砖作业试验）

创建期：第二次世界大战期间起，新式武器和装备的功能研究

成熟期：20 世纪 60 年代起，宇航技术的研究

第二节 人-机-环境系统及工程概论（拓展内容，需熟悉）

一、系统

系统（systems）是具有特定功能的、相互之间具有有机联系的许多要素或

元素（element）所构成的一个整体。美国著名学者阿柯夫（Ackoff）教授认为：系统是由两个或两个以上相互联系的任何种类的元素（或要素）所构成的集合。综上所述，一个系统通常是由若干个元素所构成的，它是一个有机的整体，并具有一定的功能。物质世界中，系统的任何部分都可以看为一个子系统，而每一个系统又可以成为一个更大规模系统中的一个组成部分。

二、系统的特性

（一）相关性

系统论强调组成系统的要素与要素之间是相互联系、相互依存、相互作用与制约的。以人体系统为例，每一个器官或者子系统都离不开人体这个整体而存在，各个器官和组织的功能与行为都直接影响着人整体的功能与行为，因此系统的这种相关性恰能体现出系统具有结构性的特征。

（二）目的性

通常系统都具有某种目的。为达到这一目的，系统都具有一定的功能。系统的目的一般用更具体的目标去体现。一般说来，一个复杂的系统都具有不止一个目标，因此可以用一个指标体系去描述系统的目标。

（三）层次性

系统可分为若干子系统，每个子系统又可再分为子系统直至要素（或称元素），而每个系统又属于一个更大的系统。于是在系统的整体与部分之间便形成了许多等级，这就是层次性的含义。层次性是系统相关性的一种特殊属性，下层要素从属于或者受控制于上层某些要素，因此研究分析一个系统时，首先应确定所研究的系统的等级，即研究的对象属于哪一级或哪一层次。

（四）整体性

系统的整体性是指组成系统的要素具有独立的功能，而要素之间所具有的相关性与层次性等在系统整体上应进行统一与协调。因此，系统的整体功能通常并不等于各个要素功能之和。研究系统整体性的目的就是为了在实现系统目标的前提下，使系统各要素之间的相对性与层次性等的总体效果最佳。

（五）适应性

任何系统都存在于一定的环境中，环境与系统之间发生着物质、能量和信息的交换，这种交换称为系统的输入与输出。外界环境的变化必然会引起系统内部各要素的变化。因此，只有适应外界变化时，系统才会具有生命力。如果系统具有自动调节自身的功能，具有适应环境变化的能力，这时的系统便称为具有自组织性的系统。

三、人-机-环境系统

人类社会发展的历史就是一部分人、机（包括工具、机器、计算机、系统与技术）、环境三大要素互相关联、相互制约、互相促进的历史。因此，人、机、环境便构成了一个复杂系统。在这个要研究的系统中，人是作为工作的主体（如操作人员）；"机"是人所控制的一切对象（如汽车、飞机、轮船、生产过程等）的总称；"环境"是指人与机所处的特定工作条件（如外部作业空间、物理环境、生化环境、社会环境等）。这样的一个系统可称为人-机-环境系统。

四、人-机-环境系统工程

人-机-环境系统工程是运用系统科学思想和系统工程方法，正确处理人、机、环境三大要素的关系，探讨人-机-环境系统最优组合的一门科学。人-机-环境系统工程的研究对象为人-机-环境系统，系统最优组合的基本目标是安全、高效、经济。所谓"安全"，是指不出现人体的生理危害或伤害，并且避免各种事件发生；所谓"高效"是指全系统具有最好的工作性能或最高的工作效率；所谓"经济"是指在满足系统技术要求的前提下，系统所需要的投资最少，也就是说保证了系统的经济性。人-机-环境系统工程的研究内容主要包括了七个方面：①人的特性研究；②机的特性研究；③环境的特性研究；④人-机关系的研究；⑤人-环境关系的研究；⑥机-环境关系的研究；⑦人-机-环境系统总体性能的研究。人-机-环境系统工程研究的基本核心问题可概括为：从三个理论（控制论、模型论、优化论）出发，着重分析三个要素（人、机、环境），历经三个步骤（方案决策、研制生产、工程实用），从人机环境实现整个系统,总性能的三个目标（安全、高效、经济）。

第三节　工程与技术（拓展内容，需了解）

一、技术与工程的区别

内容和性质不同（技术——发明；工程——建造），成果的性质和类型不同（技术成果——发明、专利、技巧和技能、"产权"的私有知识；工程成果——物质产品、物质设施直接地显现为物质财富本身），活动主体不同（技术——发明家；工程——工程师以及工人、管理者、投资方等），任务、对象和思维方式不同（技术——具有可重复性；工程——独一无二）。

二、技术与工程的联系

技术是工程的手段，工程是技术的载体和呈现形式，技术往往包含在工程之中。

三、工程的定义

广义：强调众多主体参与的社会性，如"希望工程"等，狭义：主要指针对物质对象的、与生产实践密切联系、运用一定的知识和技术得以实现的人类活动，如"化学工程""三峡工程"等。工程伦理讨论的"工程"主要指狭义的工程概念。

四、工程的过程

计划——设计——建造——使用——结束，两种理解：

a．将工程理解为设计的过程（作为思想行为的"设计"是工程的本质，工程是根据设计进行生产或制造，设计是工程的灵魂）。

b．将工程理解为建造的过程（作为实践行为的"建造"是工程的本质，设计只是重要环节，建造的过程依赖于设计但超越设计）。

一定意义上，设计和建造是工程实践的两个关键环节，但它们并不是孤立的，而是相互交织并交互建构的。

五、工程具有不确定性和探索性

工程活动蕴含有意识、有目的的设计；工程设计和实施过程中人们的知识与技术总是不完备的；工程实践的后果往往会超出预期。

六、理解工程活动的7个维度

哲学维度：主要涉及对工程本质、价值、工程师及其相关人员的责任等问题。

技术维度：工程不是简单的应用技术，而是要创造性地把各种技术"集成"起来实现新的人工建造物，并且可能发明新的技术或者作出重大突破。

经济维度：考量工程的经济价值和工程的经济性。

管理维度：从实践上解决众多参与者和利益相关方的协调问题。

社会维度：用以协调工程共同体、工程师共同体和利益相关群体等各种社会关系。

生态维度：讨论工程活动对生态的影响。

伦理维度：讨论人们如何"正当行事"。

第四节 选择适合案例进行内容拓展

教学方法
多媒体教学+课堂讨论+观看图片+课堂作业+案例分析
课堂讨论与练习
人机关系随社会的发展有很大的变化，请举例说明其变化及其特点。
作业安排及课后反思
① 何谓人机工程学？它所研究的科学对象是什么？其内涵是什么？
② 举例分析你所熟悉的一个人机系统的人、机及其结合面。
③ 名词解释：人机工程学。
④ 简述人机工程学的研究内容。
⑤ 简述人机工程学的起源。

3.2 教学单元二——绪论（下）

授课过程

课程名称	安全人机工程学	章节名称	绪论	学时	2
教学日期	第 2 周				

教学目标
① 了解学习安全人机工程学的必要性。 ② 了解安全人机工程学的定义。 ③ 了解安全人机工程学的科学对象、研究内容。 ④ 掌握安全人机工程学的研究方法、研究目的和任务。 ⑤ 掌握安全人机工程学与相关学科的关系。
主要内容
① 安全人机工程学的命名及定义。 ② 安全人机工程学的科学对象。 ③ 安全人机工程学的研究内容。 ④ 安全人机工程学的研究方法。 ⑤ 安全人机工程学的研究目的和任务。 ⑥ 安全人机工程学与相关学科的关系。 ⑦ 安全人机工程学的诞生与展望。 自学：安全人机工程学的命名及定义。 拓展：在学习安全人机工程学之前，先简略学习安全科学、安全科学的基础理论，以及安全科学技术体系。 重点：安全人机工程学的任务、研究对象以及研究范围；安全人机工程学的研究方法。 难点：人机结合面、安全人机工程学与相关学科的关系。
教学过程
第一节 安全人机工程学（需熟悉） 导入：高铁为什么追尾？ 问题：安全人机工程学的定义、目的、内容是什么？

一、安全人机工程学的定义

从安全的角度着眼，运用人机工程学的原理和方法去解决人机结合面安全问题的一门新兴学科。

它作为人机工程学一个应用学科的分支，以安全为目标、以工效为条件，将与以安全为前提、以工效为目标的工效人机工程学并驾齐驱，并成为安全工程学的一个重要分支学科。

二、安全人机工程学的研究对象

人（man），是指活动的人体即安全主体。

机（machine），是广义的，它包括劳动工具、机器（设备）、劳动手段和环境条件、原材料、工艺流程等所有与人相关的物质因素。

人机结合面（man-machine interface），就是人和机在信息交换和功能上接触或互相影响的领域（或称"界面"）。

三、安全人机工程学的任务

为工程技术设计者提供人体合理的理论参数和要求，诸如：①人体作业的舒适范围（最佳状态）；②人体的允许范围（保证工作效率）；③人体的安全范围（不致伤害的最低限度和环境要求）；④安全防护设施如何适应人的各种使用要求。

四、安全人机工程学的研究范围和内容

研究人的生理特征和心理特征，为工作设计和安全工程技术设计提供人机学参数。

研究人机功能合理分工，使人与机器能够发挥各自优势，安全地完成往往不能独立完成的工作任务等。

第二节　安全人机工程学研究的主要内容与目的

一、研究人机系统中人的各种特性

在人-机-环境系统中，人始终是工作的主体，因此在设计任何人-机-环境系

统时都应充分考虑人的特性，体现"以人为本"的宗旨。在对人的特性进行研究时，着重进行人的工作能力、人的基本素质的测试和评价、人的体力负荷、智力负荷和心理负荷等的研究。另外，还要对人的可靠性、人的数学模型（包括控制模型、决策模型及人体热调节系统的模型）等方面进行研究。

二、研究机的特性的研究

人-机-环境系统工程的一个主要特点之一，就是机的设计要符合人的要求。尽管在进行机的设计时需考虑的方面很多，但总的宗旨必须符合人使用的三种主要特性（即可操作性、易维护性和本质可靠性）。这三种特性对人-机-环境系统的总体性能（即安全、高效、经济）影响极大。因此在进行机的特性研究时，首先应开展这方面的研究，并建立机特性的相应数学模型。

三、环境特性的研究

环境是人和机共处场所的工作条件，是人-机-环境系统的三大要素之一。在人-机-环境系统中，环境与人、环境与机器之间存在着密切的联系，存在着物质、能量和信息的交换，它们相互作用、相互影响并且有机地结合为一个整体，这是在进行环境特性研究时必须要注意的。

四、人-机关系的研究

人-机-环境系统工程的最主要特征之一是机的设计既要符合人的特点，又要考虑如何保证人的能力以适合机的要求。因此，在人-机-环境系统工程中正确处理好人-机关系显得更重要。因为只有人-机关系处理好了，才能确保人-机-环境系统的总体性能得到实现。

五、人-环关系的研究

在人-机-环境系统中，人是系统的主体，是机的操纵者和控制者；环境是人和机所处的场所，是人生存和工作的条件。因此，人和环境之间是相互联系和相互作用的关系。环境对人提供必要的生存条件和工作条件，但恶劣的环境也对人产生各种不良的影响，所以开展环境对人的影响、人体对环境的影响及环境防护方面的研究，是最基本和最重要的研究问题之一。

六、人-机-环境系统总体性能的研究

人-机-环境系统工程不是孤立地去研究人、机、环境这三个要素，而是从系统的总体高度，将它们看成一个相互作用、相互依赖的复杂系统，并运用系统工程方法使系统处于最优的工作状态。因此，探讨如何实现人-机-环境系统的最优组合正是研究的核心问题之一。人-机-环境系统工程认为，"安全、高效、经济"是任何一个人-机-环境系统都应该满足的综合效能准则。在考虑系统总体性能时，把"安全"放在第一位是理所当然的，然而，建立人-机-环境系统的目的并不是单纯为了安全，而是为使整个系统能高效率地进行工作。"高效"应该是对系统提出的最根本要求，否则便失去了一个系统存在的意义。当然，在设计和建立任何一个人-机-环境系统时，为确保"安全"和"高效"性能的实现，往往希望尽量采用最先进的技术。但在这样做的同时，就必须充分考虑为此而付出的代价。因此，在满足系统技术要求的前提下，尽可能使投资最省（即"经济"）也是衡量系统优劣的一个不可缺少的指标。所以开展对系统总体性能的评价与分析也是安全人机工程学研究的重要方向之一。

七、事故预防及事故致因的研究

对于安全人机工程学来讲，事故的预防与事故的致因理论方面的研究也必不可少。研究事故致因的目的是为改进与完善人-机系统的安全设计。研究事故的预防是为了更有效地控制人的不安全行为及物的不安全状态，使系统运行更安全、更可靠，因此开展这方面的研究也是安全人机工程学研究的重要方向之一。

八、安全人机工程学的研究目的

对人机系统建立合理的方案，更好地在人机之间合理地分配功能，使人和机有机结合，有效地发挥人的作用，达到保障人能够健康、舒适、愉快的活动，同时提高活动效率的目的。

第三节　安全人机工程学与相关学科的关系（了解）

导入：思考人的五脏六腑是如何互相影响的。

问题：怎么理解安全人机工程学与相关学科的关系？

① 与工效人机工程学的关系。

② 与安全心理学的关系。

③ 与人体测量学及生物力学的关系。

④ 与安全工程学的关系。

⑤ 与人体生理学及环境科学的关系。

⑥ 与其他工程技术科学的关系。

安全人机工程学与相关学科之间的关系如图3.1所示。

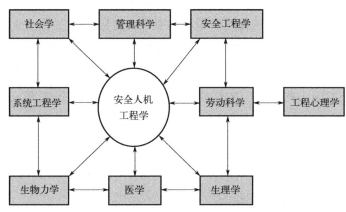

图 3.1　安全人机工程学与相关学科的关系

第四节　安全人机工程学的诞生与展望

一、安全人机工程学的诞生

人类社会的发展中"机"向着高速化、精密化、复杂化方向发展，这对操纵"机"的人的判断力、注意力和熟练程度提出更高的要求，人机发展的不平衡，使得人与"机"之间的不匹配、不协调、不平衡加大；为了安全生产、生活、生存，就要把人与"机"结合起来考虑，要求对"机"的设计、制造、安装、运行、管理等环节充分考虑人的生理、心理及生物力学特征，把人机作为一个整体、一个系统加以考虑，不仅要高效率地工作，还应随着物质、精神生活的提高，更加要求机始终使人处于安全卫生、舒适（随着发展，将包括享受）的状态，这就促使了安全人机工程学的诞生。

二、学科科学及科学技术体系学的理论启迪

从安全学的角度去研究客观世界，用人机学的技术方法去解决安全系统中人机结合面的安全问题，所以安全人机学是安全学的分支学科，而不属于人机学的分支学科；因此，学科科学地解决问题的"着眼点"就成为判断学科科学与其分支科学的从属关系的客观依据，从而成为区分与确认学科科学及分支学科相互关系的一个标注。

三、我国安全人机工程学学科的诞生与发展

① 1982 年钱学森等著的《论系统工程》对中国安全科学学科理论及其科学技术体系模型以及安全人机工程分支学科等在 1985 年的提出，奠定了至关重要的科学思想和方法论基础。

② 1979 年北京市劳动保护研究所创办研究生教育；1981 年获批"安全技术及工程"学科；1986 年中国矿业大学获批"安全技术与工程"学科博士学位。

③ 1979 年研究制订安全专业研究生教育计划；1982 年召开全国劳动保护科学体系首届学术讨论会（简称"香山会议"）。

④ 1983 年中国劳动保护科学技术学会成立，召开全国劳动保护科学体系第二次学术讨论会。

⑤ 1984 年教育部确定"安全工程"为试办专业；1985 年在中国劳动保护科学技术学会上《从劳动保护工作到安全科学之二——关于创建安全科学的问题》与《关于安全人机工程科学体系的探讨》首次提出并论证安全科学学科理论与安全科学技术体系结构和安全人机工程的学科属性及其安全工程学关系。

四、安全人机工程学的展望

由此可以看出，安全人机工程学目前呈现出逐步向人机融合（human-compatet integration/merger）的方向发展。在人机融合中，人和机器的关系从传统的刺激响应的关系变为合作关系。这种合作主要是以人脑为代表的生物智能（认知加工能力等）和以计算技术为代表的人工智能的融合。人机融合的应用至少可表现在两方面：一方面，在"机器+人"的融合智能系统、"机器+人+网

络+物"式的复杂智能物联网系统（如智能工厂、智能城市等）中，通过智能融合，达到高效的协同式人机关系。今后的智能社会将由大量的不同规模的协同认知系统组成。借助于人工智能、感应、控制等技术，机器将具有一定的感知、推理、学习、决策能力，与人类协同工作和生活。另一方面，基于脑机接口技术，可开发出综合利用生物（包括人类和非人类生物体）和机器能力的脑机融合系统，为残疾人开发的神经康复服务和动物机器人系统就是脑机融合的应用实例。

总之，当前新技术展现出的新特征，以及国家和社会发展提出的新需求给安全人机工程学的进一步发展创造了一个有利时机，提供了新的解决问题的手段和途径，安全人机工程学在参与解决新问题中将会发挥更加突出的作用，同时也会迎来自身的飞速发展。

第五节　安全科学（拓展内容，需了解）

在未研究安全人机工程学之前，让我们先简单地认识一下什么是安全科学？安全科学是一个既属于自然科学又属于社会科学范畴的综合性学科。它是人类社会在生产、生活与生存活动中为保护人类身心安全与健康所创造的有关物质财富与精神财富的总和。安全科学是一门专门研究事物安全的本质、规律，揭示事物安全相对立的客观因素及转化条件，预防或消除事故发生的一门新兴学科。安全科学的本质特征可归纳为以下三点：

第一点，安全科学要体现本质安全，即要从本质上达到事物或者系统的安全。

第二点，安全科学要体现科学性、理论性，即不仅要研究实现安全目标的技术方法和手段而且还要研究安全的理论与策略。

第三点，安全科学既要体现它的交叉性，又要体现研究对象的全面性。这里所谓的交叉性是指安全科学不仅要涉及工程科学与技术科学的知识，而且还要涉及基础科学理论及认识论和方法论的知识，这里所谓研究对象的全面性是指安全科学的研究对象应该包括人类的生存及发展过程中所面临的一切潜在的不安全效应。

安全科学研究的对象是人类生产和生活中的安全因素，研究的重点是各种技术危害，如工业事故、交通事故及职业危害等。安全科学研究的内容主要有：

安全科学的基础理论（如事故致因理论、灾变理论、灾害物理学、灾害化学等）；安全科学的应用理论（例如安全人机学、安全心理学、安全法学、安全经济学等）；安全科学的专业技术（例如各类安全工程、职业卫生工程及安全管理工作等）。

第六节 安全科学的基础理论（扩展内容）

从当前安全科学发展的趋势来看，安全科学的基础理论可概括为以下三个方面：

一、动力理论

动力理论是确定劳动安全卫生工作在社会生产中的地位、方向指导和推动劳动安全卫生工作有规律地向前发展的理论。

二、事故致因理论

事故致因理论是研究造成工伤事故和职业危害的原因和机理，寻求在什么情况下会发生工伤事故和职业病危害的规律。目前流行的这方面理论有事故因果论、轨迹交叉论、突变理论等。

三、人机学理论

人机学是研究如何使人与作业环境、机器设备之间保持协调舒适、高效的一门学科。这种人机关系是实现安全生产本质安全化的核心，因此人机学理论也是劳动安全卫生的基础理论之一。

第七节 安全科学技术体系（扩展内容，需了解）

一、哲学层次——安全观

它是安全科学的最高理论概括，也是安全的思想方法论，指导人们科学地认识和解决问题，它揭示了安全的本质。

二、基础科学层次——安全学

它是研究安全的基本概论，揭示了安全的基本规律。

它由安全技术学（含安全灾交物理学与灾变化学）、安全社会学、安全系统学（包括安全灾变理论）及安全人体学（含安全的毒理学）这四个基础分支学科组成，其总的任务是发现安全的基本规律、变化机理，以便获得安全防灾的措施。

三、技术科学层次——安全工程学

它也由安全技术工程学、安全社会工程学、安全系统工程学和安全人体工程学四个分支构成，它们是回答实现安全必须怎么做或者说怎么做就能达到安全的问题。另外，根据安全因素的性质及其作用的不同方式，各分支学科还可以进一步细分为：

① 安全技术工程学可分为直接损害人躯体的安全技术工程学和间接破坏人的机体或者危害人的心理方面的安全卫生工程学。

② 安全社会工程学又可分为安全管理工程学、安全教育学、安全法学和安全经济学。

③ 安全系统工程学又可分为安全运筹学、安全控制论及安全信息论等。

④ 安全人体工程学可以分为安全生理学（包括劳动生理学与生物力学）、安全心理学（包括劳动心理学）和安全人机工程学（其中包括人机工程学、人体工程学、人类工效学、劳动卫生学和环境学等部分内容）。安全人体工程学不仅为采取安全工程技术措施提供了必要的安全人体理论依据，同时也是一切安全活动的出发点和归宿。

四、工程技术层次——安全工程

这个层次是直接为实现安全服务的，它是进行安全预测、设计、施工、运转等一系列具体安全技术活动和方法的总称。

教学方法
多媒体教学+课堂讨论+课堂作业+实验+案例分析
课堂讨论与练习
举例分析你所熟悉的一个人机系统的人、机及其结合面。
作业安排及课后反思
① 人机关系随社会的发展有很大的变化，请举例说明其变化及其特点。

② 何谓安全人机工程学？它所研究的科学对象是什么？其内涵是什么？

③ 如何理解安全人机工程学与工效人机工程学的关系？

④ 请说明安全人机工程学在安全工程学中所处的地位与作用。

⑤ 名词解释：安全人机工程。

⑥ 简述安全人机工程学与工效人机工程学的关系。

⑦ 安全人机环境工程是安全人机工程学研究的主要内容之一，它是建立在系统论、控制论、模型论和信息论等基础理论之上而发展起来的新兴边缘技术科学。这里控制论用系统、信息、反馈等概念打破了生命与无生命的界限，实现了人们用统一的观点与尺度来研究人、机、环境这三个物质属性本质截然不同的关系，使其成为一个密不可分的整体；而系统论能为人机环境系统的研究提供一套完整的数学工具，信息论则把人、机、环境三者之间的信息流通、信息加工与信息控制形成了一个完整的整体。能否以控制论为例，具体地说明它在安全人机工程学中所起的作用？请结合具体实例说明。

3.3　教学单元三——人体的人机学参数（上）

授课过程

课程名称	安全人机工程学	章节名称	人体的人机学参数（上）	学时	2
教学日期	第 3 周				

教学目标

① 了解人体测量的基本知识。

② 了解人体测量的基本术语。

③ 深刻理解参数的测量与计算。

④ 掌握人体测量的数据处理。

主要内容

① 人体尺寸测量的基本知识、基本术语。

② 有关参数的测量与计算。

③ 人体测量的数据处理。

拓展：威格里斯沃思模型。

重点：人体尺寸测量的基本概念、人体有关参数的测量与计算方法、人体测量的数据处理。

难点：人体测量的数据处理、计算方法。

教学过程

导入：（讨论）通过布置的课前任务，让学生讲述人机工程学、安全人机工程学的定义、形成与发展过程，调动学生积极性，通过发问引出本章的学习内容。

问题：讨论人体有关参数测量的内容。

第一节　人体有关参数的测量（了解）

一、人体尺寸测量的基本知识

（一）人体测量的基本术语

被测者姿势（立姿如图 3.2）；测量基准面；测量方向；支撑面和着装。

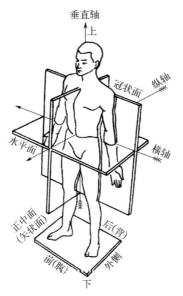

图 3.2　立姿测量项目

基本测量点及测量项目（如图 3.3 和图 3.4）。

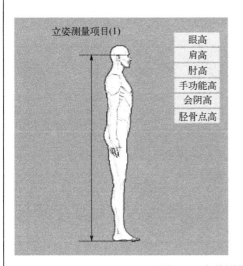

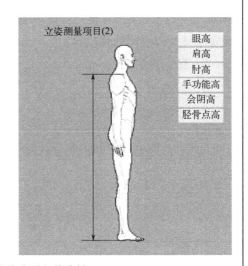

图 3.3　人体测量基准面和基准轴

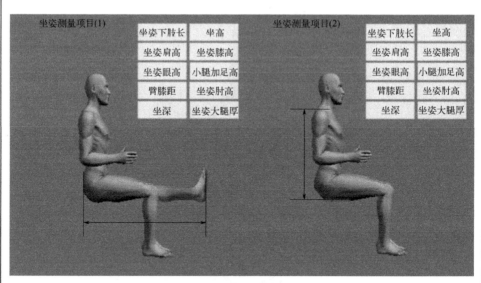

坐姿测量项目(1)			坐姿测量项目(2)		
	坐姿下肢长	坐高		坐姿下肢长	坐高
	坐姿肩高	坐姿膝高		坐姿肩高	坐姿膝高
	坐姿眼高	小腿加足高		坐姿眼高	小腿加足高
	臀膝距	坐姿肘高		臀膝距	坐姿肘高
	坐深	坐姿大腿厚		坐深	坐姿大腿厚

图 3.4　坐姿测量项目

（二）人体尺寸测量方法

1．传统测量法

在人体尺寸测量中所采用的人体测量仪器有：人体测高仪、人体测量用直脚规、人体测量用弯脚规、人体测量用三脚平行规、坐高椅、量足仪、角度计、软卷尺以及医用磅秤等。

2．摄影投影法

3．问卷法

4．三维人体扫描法

（三）人体测量中的主要统计函数

如式（3.1）所示

$$x_a = \bar{x} + kS \tag{3.1}$$

式中，x_a——对应百分位的 a 的百分位数；

　　　　$\bar{x}$——样本均值；

　　　　S——样本标准差；

　　　　k——与 a 有关的变换系数。

二、有关参数的测量与计算

（一）人体常用尺寸参数

1. 我国成年人的人体结构尺寸（静态尺寸）
2. 我国成年人人体功能尺度（动态尺寸）

肢体活动角度范围如图 3.5 所示。

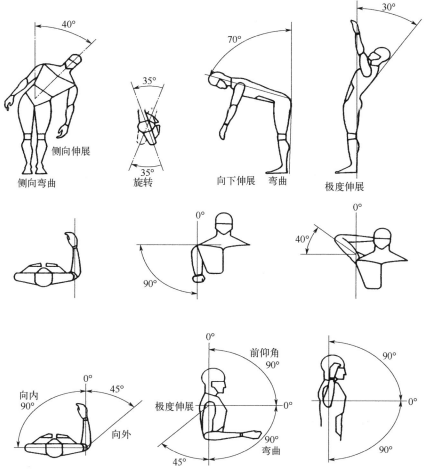

图 3.5　人体上部及上肢固定姿势活动角度范围

不同姿势时手能及的空间范围如图 3.6 和图 3.7 所示。

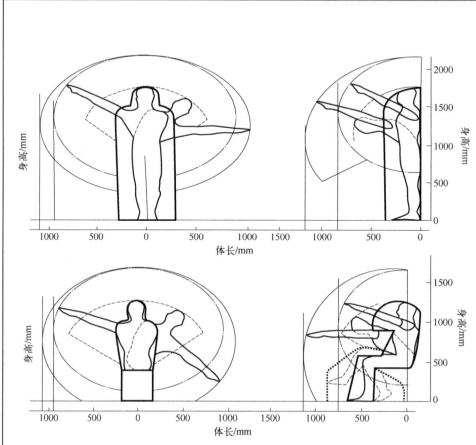

图 3.6　立姿上身及手的可及范围、坐姿上身及手的可及范围

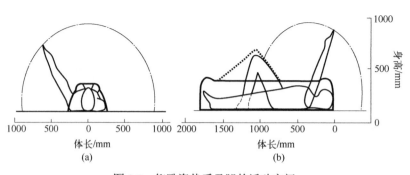

图 3.7　仰卧姿势手及腿的活动空间

水平作业域，如图 3.8 所示。

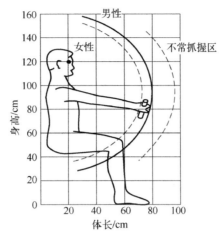

图 3.8 坐姿抓握作业域

垂直作业域，如图 3.9、图 3.10、图 3.11 所示。

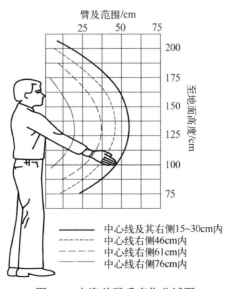

图 3.9 立姿单臂垂直作业域图

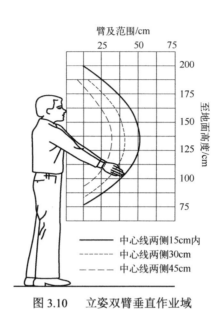

图 3.10　立姿双臂垂直作业域

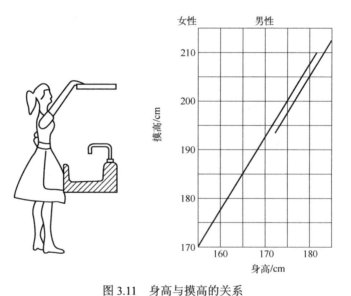

图 3.11　身高与摸高的关系

脚的作业空间，如图 3.12 所示。

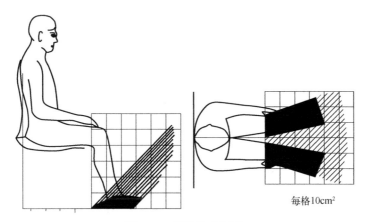

每格10cm²

图 3.12 脚的作业区域

（二）人体生理学参数及测量

1. 最大耗氧量及氧债能力

①耗氧量和摄氧量；②氧债与劳动负荷；③总需氧量及氧债能力。

2. 心率及最大心率

3. 搏出量与最大心脏输出

4. 肌电图测试

5. 呼吸量的测定

6. 脉搏数的测定

7. 发汗的测定

8. 血液成分变化的测定

9. 脑电图

10. 疲劳的测定

①疲劳自觉症状调查；②疲劳测试方法；③触两点辨别阈法；④膝腱反射阈法；⑤反应时间测定法；⑥频闪融合阈值测定法。

（三）有关人机学参数计算

可根据人体的身高、体重等基础测量数据，利用一些经验公式计算出所需的其他各部分数据。

1. 用人体身高尺寸计算人体各部分尺寸

见图 3.13、图 3.14，具体参数见相关教材所示。

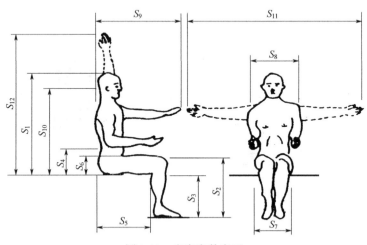

图 3.13　坐姿参数表示

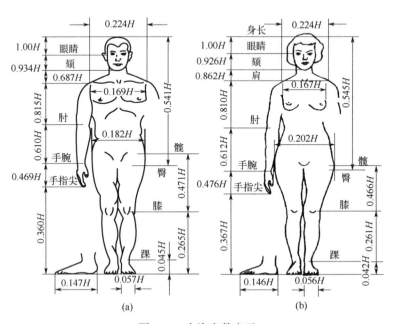

图 3.14　立姿参数表示

2．用人体体重计算人体体积和表面积

① 人体体积　　　　　　　$V=1.015W-4.937$

式中，W 为人体体重，kg。

② 体表面积

$$S=0.0061H+0.0128W-0.1529$$

$$S=0.0235H^{0.42246}W^{0.051456}$$

式中，W 为人体体重，kg；H 为人体身高，cm。

③ 用身高、体重、表面积求算有关人机学参数，见相关具体规定。

3．人体测量中的主要统计函数

均值　　　　　$\bar{x} = \dfrac{x_1 + x_2 + \cdots + x_n}{n} = \dfrac{1}{n}\sum_{i=1}^{n} x_i$

方差　　　$S^2 = \dfrac{1}{n-1}\sum_{i=1}^{n}(x_i - \bar{x})^2$　　　$S^2 = \dfrac{1}{n-1}\left(\sum_{i=1}^{n} x_i^2 - n\bar{x}\right)$

标准差　　　　　$s = \sqrt{\dfrac{1}{n-1}\sum_{i=1}^{n}(x_i - \bar{x})^2}$

抽样误差　　　　　$S_{\bar{x}} = \dfrac{s}{\sqrt{n}}$

百分位数和适应度　　　$x_\alpha = \bar{x} + ks$

三、人体测量的数据处理

（1）将人体测量数据分类分支

（2）划出频数分布、作直方图与概率计算

（3）确定假定平均数

（4）计算离均差

（5）计算并列表

第二节　威格里斯沃思模型（拓展内容，需了解）

1972 年威格里斯沃思（Wigglesworth）提出了"人的失误构成所有类型事故的基础"的观点。他认为：在生产操作过程中，各种各样的信息不断地作用于操作者的感官，给操作者以"刺激"。如果操作者能对"刺激"做出正确的响应，事故就不会发生；反之，就有可能出现危险。危险是否会带来伤害事故，则取决于一些随机因素。以下为该事故模型流程图，如图 3.15 所示。

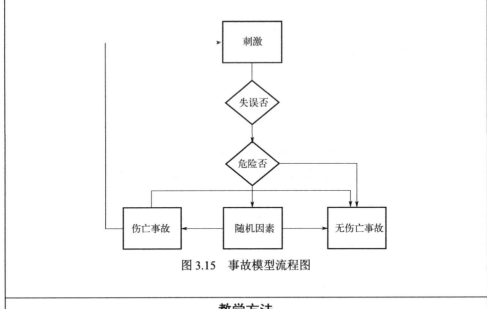

图 3.15　事故模型流程图

教学方法
多媒体教学+课堂讨论+课堂作业+实验

课堂讨论与练习
设计适用于 80%西南地区男性使用的产品，试问应按怎样的身高范围设计该产品尺寸？

作业安排及课后反思
① 根据自身的测量数据，设计一样适合自己、自己喜欢的东西。 ② 人体尺寸的应用原则主要掌握什么数据？ ③ 为什么说人体测量参数是一切设计的基础？ ④ 人体测量数据如何处理？

3.4　教学单元四——人体的人机学参数（下）

授课过程

课程名称	安全人机工程学	章节名称	人体的人机学参数（下）	学时	4
教学日期	第 4 周				
教学目标					
① 掌握常用的人体测量数据的运用准则。 ② 掌握人体尺寸的灵活应用。					
主要内容					
① 人体测量数据的运用准则。 ② 人体尺寸在工程设计中的应用。 ③ 人体数据应用举例。 拓展：事故致因理论。 ④ 安全人机工程实验：人体静态尺寸测量实验。 重点：人体测量数据的运用准则、人体尺寸的应用。 难点：人体尺寸的应用方法和程序。					
教学过程					

第一节　人体测量数据的应用（了解）

一、人体测量数据的运用准则

（一）最大最小准则

（二）可调性准则

（三）平均准则

（四）使用最新人体数据准则

（五）地域性准则

（六）功能修正与最小心理空间相结合准则

（七）标准化准则

（八）姿势与身材相关联准则

（九）合理选择百分位和适用度准则

二、人体尺寸在工程设计中的应用

（一）人体尺度应用的原则（从工程设计应用角度讲）

1．满足度

满足度是产品设计尺寸满足特定使用者群体的百分率，也就是说从人体工程学角度看，你的设计适合多少人。

2．产品尺寸设计任务的分类

① Ⅰ型产品尺寸设计（就是上面所说的可调准则）：尺寸在上限值和下限值之间可调，上下限百分位分别为 5% 和 95% 时，满足度为 90%。

② Ⅱ型产品尺寸设计（最大最小准则）

（二）人体尺寸的应用方法和程序

1．确定所设计对象的类型和适应度

确定设计对象的功能尺寸的主要依据是人体尺寸百分位数，而它的选用又与设计对象的类型密切相关。首先应确定所设计的对象是属于哪一类型。

2．选择人体尺寸百分位数

在确认所设计的产品类型及其等级之后，选择人体尺寸百分位数的依据是适用度。人机工程学设计中的适用度，是指所设计产品在尺寸上能满足多少人使用，通常以适合使用的人数占使用者群体的百分比表示。

（三）确定功能修正量和心理修正量

① 必须考虑到实际中人的可能姿势、动态操作、着装等需要的设计裕度，所有这些设计裕度总计为功能修正量。

② 为了消除人们心理上的"空间压抑感"、"高度恐惧感"和"过于接近时的窘迫感和不舒适感"等心理感受，或者是为了满足人们"求美""求奇"等心理需求，涉及人的产品和环境空间设计，必须再附加一项必要的心理空间尺寸，即心理修正量。

三、人体数据应用举例

以身高为基准确定工作面高度、设备和用具高度的方法，通常是把设计对象归成各种典型的类型，并建立设计对象的高度与人体身高的比例关系，以供设计时选择和查用。

例：座椅的设计

（一）座椅设计的一般原则

① 座椅的设计，应提供操作人员在操作时的身体支撑。

② 座椅的设计要使操作人员工作顺利，椅子的尺寸要适当，其高度和位置可以调整到适合各种身材的人使用。

③ 座椅应能够适当地支撑住身体，以避免不良的姿势，同时身体的重量能够均衡地分布在椅面上。

④ 在不影响手的个别动作时，座椅应有扶手，同时也有脚踏板，以维持较好的座椅到脚放置位置的距离。

（二）座椅的设计

1．座面高度

2．坐深

3．坐宽

4．座面倾角

5．靠背的高和宽

6．靠背与座面夹角

7．坐垫高度

8．扶手高度

第二节　事故致因理论（拓展内容）

一、事故的基本特征

（一）事故的因果性

因果即原因与结果。事故是许多因素互为因果连续发生的结果，各因素是前一因素的结果，也是后一因素的原因。因果关系具有继承性与多层次性的特征。

（二）事故的偶然性、必然性和规律性

从本质上讲，伤亡事故属于在一定条件下可能发生，也可能不发生的随机事件。但就某一个特定事故而言，其发生的时间地点等均无法预测。事故的偶然性还表现在事故是否产生后果（人员伤亡，物质损失）及后果的大小如何，这都是难以预测的。事故的偶然性决定了要完全杜绝事故发生是困难的，而事故的因果性是发生的必然性事故的必然性中包含着规律性。既为必然，就应该有规律可循，从而为事故的发生提供依据。

（三）事故的潜在性、再现性和预测性

事故往往是突然发生的，而导致事故的潜在隐患是早就存在的，只是未被发现。一旦条件成熟，潜在的危险就会酿成事故。然而如果不能真正了解事故发生的原因并采取有效措施去消除的话，则类似的事故还会再出现。

二、事故因果理论

事故现象的发生与其原因存在着必然的因果关系。"因"与"果"有继承性，因果是多层次相继发生的，一次原因是二次原因的结果，二次原因是三次原因的结果，如此类推。通常事故原因分为直接的和间接的。直接原因又称一次原因，在时间上是按最近事故发生的原因。直接原因又可分为两类：物的原因和人的原因。物的原因是由设备、物料、环境等不安全的状态引起的；人的原因是由人的不安全行为引起的。间接原因是二次原因（二次原因、三次原因）以及多层次来自事故本身的基础原因。间接的原因大致可分为六类：①技术的原因；②教育的原因；③身体的原因；④精神的原因；⑤管理的原因；⑥社会及历史的原因。

三、能量意外转移理论

1961 年吉布森（Gilbsom）、1906 年哈登（Haldon）等人提出能量意外转移理论。他们认为，事故是一种不正常的或许不希望的能量释放，并转移于人体。在生产过程中，能量是不可少的。人类在利用能量做功以实现人们生产的目的。"人类在利用能量时必须采用措施去控制能量，使能量按照人们的意图产生、转换、做功）。如果发生事故时释放的能量作用于人体，并且能量的作用超过了人体的承受能力，则将造成人员伤害：如果意外释放的能量作用于设备、建筑物、物体等，并且能量的作用超过它们的抵抗能力，则将造成设备，建筑物、物体等的损坏。

教学方法
多媒体教学+课堂讨论+课堂作业+实验
课堂讨论与练习
如何确定合适的作业椅与工作台？
作业安排及课后反思
① 人体动态尺寸与安全生产有何关系？
② 人体测量数据的运用准则有哪些？
③ 结合实际情况，举例说明人体数据在工程中的应用。

3.5　教学单元五——人的生理和心理及生物力学特征（上）

授课过程

课程名称	安全人机工程学	章节名称	人的生理和心理及生物力学特征（上）	学时	6
教学日期	第 5 周					

教学目标

① 了解人的感知特性、人的反应时间。

② 了解人体活动过程的生理变化与适应。

③ 理解安全心理学定义和研究内容。

④ 理解心理过程特性与安全。

⑤ 理解个性心理特性与安全。

⑥ 理解非理智行为的心理因素。

⑦ 理解颜色对心理的作用。

主要内容

① 人的生理特性与安全。

② 人的心理特性与安全。

③ 安全人机工程实验：a. 运动时反应时测定实验；b. 明度适应测试。

拓展内容：人的生理适应性。

重点：人体活动过程的生理变化与适应、个性心理特性与安全概念理解。

难点：测定人体生物节律的相关计算方法。

教学过程

第一节　人的生理特性与安全（了解）

引入：看事故视频思考，为什么发生事故？

一、人的感知特性概述

（一）人的感觉

1. 感觉的基本特征
人机系统如图 3.16 所示。

图 3.16　人机系统图

人的神经系统结构，如图 3.17 所示。

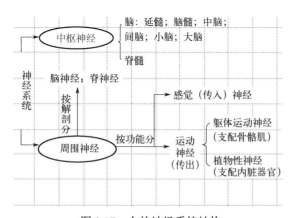

图 3.17　人的神经系统结构

人的各种感受器官都有一定的感受性和感觉阈限。从人的感觉阈限来看，刺激本身必须达到一定强度才能对感受器官发生作用。一种感受器官只能接受一种刺激和识别某一种特征，眼睛只接受光刺激，耳朵只接受声刺激。人的感觉印象 80%来自眼睛，14%来自耳朵，6%来自其他器官。

同时有多种视觉信息或多种听觉信息，或视觉与听觉信息同时输入时，人们往往倾向于注意一个而忽视其他信息，如果同时输入的是两个强度相同的听觉信息，则对要听的那个信息的辨别能力将下降 50%，并且只能辨别最先输入的或是强度较大的信息。

感觉器官经过连续刺激一段时间后，敏感性会降低，产生适应现象。

2．知觉的基本特征

人的知觉一般分为空间知觉，时间知觉，运动知觉与社会知觉等，它们有如下共同特征：

知觉的整体性；知觉的理解性；知觉的恒常性；知觉的选择性。

（二）人的视觉特性

视觉是人体接受环境信息的最主要感觉。在输入人脑的全部感觉信息中约 80%以上来自于视觉。人体的视觉系统由视觉器官、视神经和视皮层组成。人的视觉器官主要由眼球及附属结构（如眼睑、泪腺和眼肌等）组成。人眼视网膜上共有 600 万～700 万个视锥细胞和 1.1 亿～1.3 亿个视杆细胞。视锥细胞主要感受强光和颜色的刺激，而视杆红胞主要感受弱光的刺激。在光线的刺激下，视网膜上的视锥细胞与视杆细胞中的感光物质发生光化学反应，将光能转化为生物电能，引起视觉细胞的兴奋，经双极细胞使视神经节细胞产生冲动，将携带物像信息的神经冲动序列传递到大脑视皮层。视杆细胞内只有一种感光色素，它无色觉；视锥细胞有红、绿、蓝三种感光色素，这三种感光色素分别对波长为 440nm、535nm 和 565nm 的光线最为敏感。很显然，视杆细胞与视锥细胞在感光功能上是互补的。

（三）人的听觉特性

听觉是人体对环境声波振动信息的感觉。听觉信息在输入人脑的全部感觉信息中占第二位，仅次于视觉信息。听觉系统由听觉器官、听觉神经和听觉中枢组成，听觉器官由外耳、中耳和内耳组成。外耳和中耳为听觉器官的导音部分，起着声音的传导作用；内耳为听觉器官的感音部分，起声音的感受作用。内耳由前庭器官和耳蜗组成。人的每侧耳蜗有外毛细胞12000个，内毛细胞约3000个。毛细胞的顶端有纤毛，在声波作用下纤毛以根部为基点对盖膜做相对运动，将机械能转化为生物电能。应该指出，听觉过程是一个经历了机械、电、化学、神经冲动的转换与传递过程。大体上包括在中耳的传声、内耳的声电转换、听觉信息编码及听觉中枢信息的处理过程，对此，本节因篇幅所限不做详细介绍。人耳能听到的声音的频率范围为 20～20000Hz，低于 20Hz 的声音为次声，高于 20000Hz 的声音为超声。次声和超声均可刺激人耳，但不能诱发听觉。人耳最灵敏的频率范围是 500～400Hz，平均听阈在 5dB 左右。

（四）人的嗅觉、味觉和肤觉特性

（1）嗅觉

嗅觉感受器位于鼻腔深处，主要局限于上鼻甲、中鼻甲上部的黏膜中。嗅黏膜主要由嗅细胞和支持细胞构成。嗅觉的感受器是嗅细胞，它是从中枢神经系统分化出来的双极神经细胞。嗅觉感受器可感受气体中的化学刺激，适宜刺激几乎均是挥发性的、呈气态形式的有机化合物。当有气味的空气吸进鼻腔上部时，它能使细胞受到刺激而兴奋。因此在嗅一些不大明显的气味时，要反复用力吸气，才能产生嗅觉。嗅觉的明显特点是适应较快。当某种气味突然出现时，可引起明显的嗅味，且如果引起这种嗅味的物质继续存在，感觉很快减弱，大约过 1min 后就几乎闻不到这种气味。嗅觉的适应现象，不等于嗅觉的疲劳，因为对某种气味适应之后，对其他气味仍很敏感。影响嗅觉感受性的因素有环境条件和人的生理条件。温度有助于嗅觉感受，最适宜的温度 37～38℃。清洁空气中嗅觉感受性高。人在伤风感冒时，由于鼻黏膜发炎，感受性显著降低。

（2）味觉

味觉感受器是味蕾，主要分布在舌背面、舌缘和舌尖部。舌表面覆盖一层黏膜，有许多小乳头，在乳头中包含味蕾。在口腔和咽部黏膜的表面，也有味蕾存在。每一味蕾由味觉感受器、角质细胞和基底细胞组成。感受器细胞顶端有纤毛，称为味。当舌表面一些水溶性物质刺激味毛，可引起感受器兴奋。人能分辨出许多种味道，但这些味道是由 4 种基本味觉组合而成。人类能辨别的4 种基本味为甜、酸、苦、咸。舌表面不同部位对不同味刺激敏感度不一样。

舌尖对甜味最敏感，舌根部对苦味最敏感，舌两侧对酸味最敏感，舌两侧前部对咸味最敏感。不同物质的味道与它们的分子结构的形式有关。人或动物对苦味的敏感程度远远高于其他味道，当苦味强烈时可引起呕吐或停止进食，这是一种重要的保护防卫作用。一个味感受器并不只是对一种味质起反应，而是对咸、甜、苦、酸均有反应，只是程度不同。

（3）肤觉

肤觉是皮肤受到机械刺激作用后产生的一种感觉，肤觉感受器分布于全身体表。肤觉可分为触觉、温度觉和痛觉，很难将它们严格区分。触觉是由微弱的机械刺激及皮肤浅层的触觉感受器引起的，压觉是较强的机械刺激，引起皮肤深层组织而产生的感觉，通常将上述现象称为触压觉。触觉感受器在体表分布不同，舌尖、唇部和指尖处较为敏感，背部、腿和关节处差。通过触觉人们可以辨别物体大小、形状、硬度、光滑度及表面机理等机械性质。温度觉分为冷觉和热觉，皮肤温度低于30℃时冷觉感受器冲动，高于30℃时热觉感受器冲动。到47℃为最高。痛觉是剧烈刺激引起的，具有生物学意义，它可以导致机体的保护性反应。

二、人的反应时间

（一）定义

人从接收外界刺激到做出反应的时间，叫做反应时间；由知觉时间和动作时间两部分构成。

（二）影响反应时间的因素

随感觉通道不同而不同；与运动器官有关；与刺激性质有关；随执行器官不同而不同；与刺激数目的关系；与颜色的配合有关；与年龄有关；与训练有关。

三、人体活动过程的生理变化和适应

（一）人体活动时机体的调节与适应

神经系统：神经系统分为中枢神经系统（脊能和脑）和分布在全身的外周神经系统（包括连接感受器官与中枢的传入神经，连接中枢与效应器官的传出神经等）。人的神经系统的结构与功能单位叫做神经元，据最新估计，脑的神经元约有 1000 亿个，神经元之间的联系是依靠彼此之间的互相接触，神经元的形态与功能是多种多样的。神经系统的主要作用有两方面，一是反应（兴奋和抑制），当有信息刺激时，神经系统马上得出反应；二是传导，即信息传送出去。神经传导有 4 个特征，生理完整性、绝缘性、双向性和相对不疲劳性，传导速度与其自身直径成正比。据测定，人的上肢正中神经内的运动神经纤维和感觉神经纤维的传导速度分别为 58m/s 和 65m/s。皮肤的触压觉传入神经纤维和皮肤痛、温觉传入神经纤维的传导速度分别为 30～70m/s 和 12～30m/s，既取决于中枢神经系统的调节作用，特别是大脑皮层内形成的意志活动——主观能动性；又取决于从机体内外感受器所传入的多种神经冲动，在大脑皮层内进行综合分析，形成一时性共济联系，以调节各器官和系统适应作业活动的需要，来维持机体与环境条件的平衡。当长期在同一劳动条件中从事某一作业活动时，通过复合条件反射逐渐形成该项作业的动力定型，使从事该作业时各器官系统相互配合得更加协调、反应更迅速、能耗较少，作业更轻松。建立动力定型应依照循序渐进、注意节律性和反复的生理规律。动力定型虽是可变的，但要破坏已建立起来的定型，出于需要用新的操作活动来代替已建立的动力定型，对皮层细胞是一种很大的负担，若转变过急，有可能导致高级神经活动的紊乱。体力劳动的性质和强度，在一定程度上也能改变大脑皮层的功能。大强度作业能降低皮层的兴奋性并加深抑制过程；长期脱离某项作业，可使该项动力定型消退而致反应迟钝。此外，体力劳动还能影响感觉器官的功能，重作业能引起视觉和皮肤感觉时值延长，作业后数十分钟才能恢复，而适度的轻作业，时值则反而缩短。

1．血管系统

作业人员的心率、血压、血液成分和血液再分配等心血管方面的指标在作业开始前后会发生适应性变化。

（1）心率

在作业开始前 1min 常稍有增加，作业开始后 30～40min 内迅速增加，经 4～5min 达到与劳动强度相应的稳定水平。作业时心脏输出量增加，缺少体育锻炼的人主要靠心跳频率的增加，经常锻炼者则主要靠每搏输出量的增加。有的每搏输出量可达 150～200mL，每分钟输出量可达 35L。对一般人，当心率增加未超过其安静时的 40 次时，表示能胜任此工作。作业停止后，心率可在几秒至 158s 后迅速减少，然后再缓慢恢复至原水平。恢复期的长短因劳动强度、工间歇息、环境条件和健康状况而异，此可作为心血管系统能否适应该作业的标志。

（2）血压

作业时收缩压上升，舒张压变化很小，当脉压差逐渐增加或维持不变时体力劳动可继续有效进行。当脉压差小于其最大值一半时，表示疲劳。作业停止后，血压迅速下降，一般能在 5min 内恢复正常，作业强度大时恢复时间加长。

（3）血液再分配

作业时流入脑的血流量基本不变或稍增加，流入肌肉和心肌的血流量增加，流入肾及腹腔等的血流量有所减少。

（4）血液成分

一般作业中血糖变化较少，如劳动强度过大、时间过长，可出现低血糖。当血糖降到正常含量一半时（正常人安静状态血糖含量 5.6mmol/L），不能继续作业。随劳动强度变化，血乳酸含量变化很大。正常人安静状态下血乳酸含量为 1mmol/L，极重体力劳动时可达 15mmol/L。

2．呼吸系统

静态作业时呼吸浅而慢；疲劳时呼吸变浅且快。作业时呼吸次数随体力劳动强度而增加，重劳动可达 30～40 次/min，极大强度劳动可达 60 次/min。肺通气量由安静时的 6～8L/min 增至极重体力劳动时的 40～80L/min 或更高。劳动停止后，呼吸节奏和肺通气量会逐渐减少直至恢复到安静状态。

3．体温调节

人体的体温并不是恒定不变的，人脑、心脏及腹内器官的温度较为稳定，称为核心温度。稳定的核心温度是正常生理活动的保证。人休息时，直肠温度为 37.5℃，体力劳动及其后的一段时间内，体温有所上升，重劳动时直肠温度可达 38～38.5℃，极重劳动时可达 39℃。体温的升高有利于全身各器官系统活动的进行，但不宜超过 1℃，否则人体不能适应，劳动不能持久。

（二）脑力劳动时机体的调节与适应

脑力劳动需要充足的氧，虽然人脑的重量只占体重的 2.5%，但脑的需氧量占全身需氧量的 20%。像肌肉这样的组织，在短时间缺氧时，可以通过糖的无氧酵解来供应能量,大脑却只能依靠糖的有氧分解来提供能量,但脑细胞中存在的糖原甚至只够活动几分钟:因而脑需要更多的血液源源不断地供应氧气。供氧不足会引起严重的后果,缺氧 3～4min 会引起脑细胞不可修复的损伤,缺氧 15min,比较敏感的人可能昏迷。脑力劳动常使心率减慢,但特别紧张时可使心跳加快、血压上升、呼吸稍加快、脑部充血而四肢和腹腔血液则减少;脑电图、心电图也有所变化,但不能用来衡量劳动的性质及其强度。脑力劳动时血糖一般变化不大或略增高;对尿量没有影响,对其他成分也影响不大,即使在极度紧张的脑力劳动时,尿中磷酸盐的含量才有所增加,对于汗液的量以及体温均无明显的影响。

（三）人体信息处理系统

在人机系统中,人随时会遇到预先不知道或完全不知道的情况。系统也将源源不断地供给操作者以各种各样的信息。人体正确处理信息就是恰当的判断来自人机结合面的信息,然后通过人的行为准确地操作机器,即给机器以正确的信息,通过人机结合面实现正确的信息交换。

1. 信息处理能力的界限

对于相继接收到的各种信息,大脑皮质并非全都能进行正确的处理,也就是说处理能力有一定的限度。当然,如果能给以充分的时间,人类能够处理较多的信息而不发生错误。但是如果信息在时间上是短暂的,内容是复杂的,则不能完全处理。这时的反应方式是:未处理;处理错误;处理延误;降低信息质量;引用规定之外的其他处理方法;放弃处理作业。总之,如果同时给出不同的信息时,人机系统将发生怎样的反应,是随着作业性质和作业者当时的身心活动状况变化的。

2. 影响人信息处理能力的因素

① 人的神经活动规律。人在一天 24h 中的神经活动有一定规律,白天是交感神经系统支配,夜间是副交感神经系统支配,昼夜循环交替。大脑皮层活动受到这种交替变化的影响而呈现出日周期节律,使人在一天的不同时间内信息处理能力有所不同。

② 动机与积极性。即使人在清醒状态下处理信息,如果缺乏接收和处理信息的积极性,信息处理的数量、质量都较明显下降。动机和积极性又受到两个主要因素的影响。一是对作业目的的理解和认识程度;二是具备关于作业过

程和作业结果的知识的程度。

③ 学习和训练。若对同一作业操作进行深入学习、反复练习，作业能力和信息处理能力将会增加。

④ 疲劳将使作业的信息处理能力降低、反应时间增加，判断错误增多。

⑤ 人的个体差异影响信息处理能力，这方面主要指人的精神意志力，精神机能平衡性、性格适应性和社会适应性等。

⑥ 年龄、性别、经验、季节等也都会影响人的作业能力和信息处理能力。

⑦ 人体的信息传递效率即平常所说的反应快慢，影响人的信息处理能力。尽管通过教育训练，可以适当地提高人体的信息传递效率，但人的信息传递效率不可能超过 7.5bit/s。

⑧ 人的大脑所处的意识水平。日本大学桥本邦卫教授从人体紧张程度引起的脑电波变化中，提出了人脑意识水平的 5 个阶段。他将人的意识水平状态分为以下 5 个阶段：0 阶段，无意识失神状态；Ⅰ阶段，正常以下、意识模糊状态；Ⅱ阶段，常态、松弛状态；Ⅲ阶段，常态清醒状态；Ⅳ阶段，超常态、过度紧张状态。

（四）人体节律周期和昼夜周期

人类是按照统计学证实的周期性变化，即生物节律而生活的。生物节律已成为生物学的一部分，称为时间生物学，是研究自然界各种生物机体内按照自己的特定时间表和活动规律的理论。旨在对生物时间结构进行客观说明，如规律活动的总量、生物行为的时间特征，以及生物周期发育变化和老化趋势。昼夜节律指的是 24h 内或 20～28h 内的平均周期（也可指长于 23.9h 短于 24.1h 的平均节律），这种周期性的节律与有关功能作用有着明显的关系。

第二节　人的生理适应性（拓展内容，需了解）

一、人体的生理调节

外界环境变化时，人体将不断地调整体内各部分的功能及其相互关系，以维持正常的生命活动。人体所具有的这种根据外界环境的情况对自身内部机能进行调节的功能称为适应性。当然，条件反射也是实现机能调节和适应性的重要方面之一，另外，疲劳也是人生理适应性的一种特殊表现形式。

人体的生理调节。人体的内部细胞、组织和器官所处的环境称为内环境，并以此去区别人体本身所处的外部环境。外部环境的条件一般不适合于人体生命运动所需要的温度，为了保证机体的生命活动正常进行，必须使人体内环境保持一定的稳定性。例如，外环境的温度可由零下几十摄氏度变化到零上几十摄氏度，而人体内的温度始终在 37℃ 左右。同样，内环境的压力、酸碱度等其他理化参数也保持相对稳定，不随外环境变化。这种体内环境相对稳定不随外部环境变化的机制称为生理稳态。人体的生理稳态是通过一系列生理调节过程来实现的（例如外环境温度过高时，人体则通过排汗散发体内的余热以维持体温的稳定）。生理调节方式主要有神经调节、内分泌调节和自身调节。以下对这三种调节方式略做介绍。神经调节是人体生理调节的最主要手段，其基本方式是采取神经反射。神经反射是在中枢神经系统的参与下，机体对内外环境刺激所做的规律性反应。神经反射的基本结构单元是反射弧。其是由感受器、传入神经纤维、中枢、传出神经纤维和效应器组成。感受器将外界刺激能量转化为神经脉冲，神经冲动经传入神经纤维到达中枢神经系统，在中枢神经系经过加工处理之后再以神经脉冲方式经特定的传出神经纤维传至效应器，最后由效应器做出适当的反应（例如引起肌肉的收缩或体液的分泌等）。体液调节是指人体通过某一器官或组织分泌某种化学物质达到调节的功能。这类具有生理调节功能的化学物质统称为激素，分泌激素的器官或组织称为内分泌腺。各内分泌腺组成内分泌系统，调节全身许多重要器官的功能活动（如甲状腺分泌甲状腺素调节全身的能量代谢）。人体组织器官的有些调节并不依赖于神经调节与体液调节，而是通过自身固有的机制进行调节，这种调节在一定情况下起着保护作用（例如当回流到心脏的血流量突然增加时，心肌被拉长，心肌的收缩力会自动加大，排出更多的血液，使心脏不至于过度扩张）。

二、条件反射

巴甫洛夫认为，条件刺激与非条件反射在大脑皮层建立的暂时联系是产生条件反射的机理。正是因为条件反射是机体经过后天学习而建立的反射，所以机体就可以通过学习将环境中的种种有关刺激作为条件刺激和非条件刺激结合起来，从而使机体对环境的适应性大大提高。

三、疲劳及相应的生理与心理表现

过度的刺激与工作负荷可引起人体的疲劳。机体的疲劳有多种形式，反复或过度的机械性负荷可引起肌肉的疲劳。反复或过度的感觉刺激可引起神经的疲劳；脑力和心理上的过分负担还可引起精神的疲劳。对于肌肉疲劳表现为承担过度机械负荷的肌肉群酸痛，收缩力减弱，有时还发生痉挛，生物化学检查可发现血液中乳酸含量增加，生物电检查可发现肌电图异常。神经疲劳可表现为过度使用的神经疼痛，对感觉刺激的阈值提高。对于视觉疲劳可引起视镜度下降，闪光融合频率提高；对于听觉疲劳可引起暂时性听觉偏移。生物电检查可发现诱发电位的变化及自发脑电图中低幅慢波的增加。疲劳时心理的变化是多方面的，精神疲劳是其主要特征。精神疲劳首先是自我感觉全身的不适，即疲劳感。对外界刺激反应淡漠，兴趣降低，情绪低落，精神感到压抑，嗜睡。在工作中表现为注意力分散不集中，操作错误增多，工作效率明显下降，所以长期疲劳往往是事故发生的主要原因之一。

第三节　人的心理特性与安全（熟悉）

一、安全心理学概述

认识过程：如感觉、知觉、记忆、注意、思维、想象。

心理过程特性情感过程：如情绪与情感。

意志过程：如意志。

个性心理特征：如需要、动机、兴趣、能力、气质、性格、世界观。

二、心理过程特性与安全

（一）注意与安全

当心理活动指向或集中于某一事物时，就是注意。从生理上，心理上不可能始终集中注意力于一点。不注意的发生是必然的生理和心理现象，不可避免。不注意就存在于注意之中。自动化程度越高，监视仪表等工作最容易发生不注意。

预防不注意产生差错的方法如下：

①建立冗余系统，为确保操作安全，在重要岗位上，多设 1～2 个人平行监视仪表的工作；②为防止下意识状态下失误，在重要操作之前，如电路接通或断开、阀门开放等采用"指示唱呼"，对操作内容确认后再采取动作；③改进仪器、仪表的设计，使其对人产生非单调刺激或悦耳、多样的信号，避免误解。

（二）情绪、情感与安全

情绪、情感是人对客观事物的一种特殊反应形式。

情绪、情感为三种因素所制约：环境影响、生理状态和认识过程。其中认识过程起关键作用。

情绪状态可分为心境、激情、应激。

情感是在人类社会历史发展过程中形成的高级社会性情感，人类社会性情感可归结为道德感、理智感和美感。

在实际工作中表现出来的有如下几种不安全情绪：

① 急躁情绪：人的情绪状况发展到引起人体意识范围变狭窄，判断力降低，失去理智和自制力。心血活动受抑制等情绪水平失调呈病态时，极易导致发生不安全行为。

② 烦躁情绪：表现沉闷，不愉快，精神不集中，心猿意马，严重时自身器官往往不能很好协调，更谈不上与外界条件协调一致。

过高和过低的情绪激动水平，使人的动作准确度降至 50%或以下，注意力无法集中，不能自制。某矿技术员与爱人吵架，为逃避家庭烦恼而提前上班，误入顶板未撬实的采场，被冒落松石砸伤致死。这是抑制状态下事故的一例。

从事快速、紧张的劳动，如兴修水利等，较高的情绪激动水平有利于发挥劳动效率，可播放欢快的乐曲鼓动生产情绪。应当指出，设备复杂、多工种作业的冶金厂等，车间内不应播放音乐和口号，以免造成干扰，影响安全生产。

情绪激动水平的高低是由外界（环境的、社会的）刺激情景引起的，因此，改变外界刺激可以改变情绪的倾向和水平。从组织管理上（包括思想工作、安全检查、劳动组织等）及个体主观上若能注意创造健康稳定的心理环境并用理智控制不良情绪，由情绪水平失调导致的不安全行为就可以大幅度下降。

安全检查表中有一栏目，调查工人有无家庭纠纷、打架、赌气等事件发生。如影响工人情绪较大，可采取换班休息、谈话等方式，不使工人带着沉重的情绪进入操作岗位。实践证明，这是行之有效的安全措施。

（三）意志与安全

意志就是人们自觉地确定目的并调节自己的行动去克服困难，以实现预定目的的心理过程，它是意识能动作用的表现。意志品质有积极的，也有消极的。积极的品质表现为自觉性、果断性、自制力和坚定性；消极的品质表现为盲目性、冲动性、脆弱性。

三、个性心理特征与安全

（一）需求、动机与安全

社会性需要是人在群体生活和社会发展所提出的要求在头脑中的反映，如劳动、社交、学习等。

人的需要大致可分为 5 类，即生理需要、安全需要、社交需要、自尊需要和自我实现需要。

人对安全的需要随着社会的进步已上升为第一位。安全需要得不到满足，会对其较高级需要的产生和发展产生影响，也就是会影响人们的社会交往、对社会的贡献及社会的安定和发展。因此，安全管理者应从安全对社会发展的较高层次上看到安全工作的重要性，努力搞好安全工作、满足劳动者的基本需求。

动机是一种内部的、驱使人们活动行为的原因。动机可以是需求、兴趣、意向、情感或思想等。如果将人比作一台机器，动机则是动力源。

动机是活动的一种动力具有 3 种功能：一是引起和发动个体的活动，即活动性；二是指引活动向某个方向进行，即选择性；三是维持、增强或抑制、减弱活动的力量，即决策性。由于需要的多样性决定了人们动机的多样性。从需要的种类分，可以把动机分为生理性动机和社会性动机；根据动机内容的性质分为正确的动机与错误的动机，高尚的动机与低级、庸俗的动机；根据各种动机在复杂活动中的作用大小，分为主导性和辅助性动机；从动机造成的后果分为安全性动机和危险性动机。

动机是由需要产生的，需要是个体在生活中感到某种欠缺而力求获得满足的一种内心状态，它是机体自身或外部生产条件的要求在脑中的反映。有什么样的需要就决定着有什么样的动机。追溯到动机，从动机追溯到需要。安全需要被满足，调动安全积极性的过程也就完成了。自我实现的需要越强烈，目标越高，对安全的需要也更敏感。

（二）性格与安全

性格是人们在对待客观事物的态度和社会行为的方式中，区别于他人所表现出的那些比较稳定的心理特征的总和。

性格特征：对现实的态度的特征/性格的意志特征/性格的情绪特征/性格的理智特征。

有学者将性格分为：冷静型、活泼型、急躁型、轻浮型和迟钝型。前两者中的性格属于安全型，后三种属于非安全型。

性格与安全生产有着密切的联系，在其他条件相同的情况下，冷静型性格的人比急躁型性格的人安全性强。对工作马虎的人容易出现失误。实践中不少人因鲁莽、高傲、懒惰、过分自信等不良性格、促成了不安全行为而导致伤亡事故。

（三）能力与安全

能力是人顺利完成某种活动所必须具备的心理特征之一。

能力的个体差异与安全：

①人的能力与岗位职责要求相匹配；②发现和挖掘职工潜能；③通过培训提高人的能力；④团队合作时，人事安排应注意人员能力的相互弥补。

（四）气质与安全

气质是一个人生来就有的心理活动的动力特征。心理活动的动力指心理过程的程度、心理过程的速度和稳定性以及心理活动的指向性。

胆汁质的人情绪产生速度快，表现明显、急躁，不善于控制自己的情绪和行动；行动精力旺盛，动作迅猛；外倾。

多血质的人情绪产生速度快，表现明显，但不稳定，易转变；活泼好动，好与人交际，外倾。

黏液质的人情绪产生速度慢，也表现不明显，情绪的转变也较慢，易于控制自己的情绪变化；动作平稳，安静，内倾。

抑郁质的人情绪产生速度快，易敏感，表现抑郁、情绪转变慢，活动精力不强，比较孤僻，内倾。

（五）从安全工程角度来看，四种不同气质的人的特点和弱点

黏液质的人适于做精细而要求有耐心的工作，这种人稳重可靠，注意力集中时间长，有利于安全生产。

多血质的人缺乏耐心，从事单调重复的工作容易产生精神溜号，造成产品质量下降或事故，不宜在安全上负有重任。例如，某矿一技术员，为人热情，活泼好动，善于交往，遇事容易冲动。在一次安全检查中他带领大家检查危险区域，第一个爬上久已腐朽的木梯，坠落死亡。

抑郁质的人不宜于单独操作安全方面的关键设备。

胆汁质的人直爽热情，心境变化剧烈，反应快但不灵活，控制能力差。

（六）态度与安全

态度是个人对他人、对事物较持久的肯定或否定的内在反应倾向。态度的形成主要受三种因素的影响，即知识或信息，主要来自父母、同事和社会生活环境；团体的规定或期望，一般来说个人的态度要与他所属的集体的期望和要求相符合。属于同一集体的人，他们的态度较类似。团体的规定是一种无形的压力影响同一团体的成员。

人们对安全工作的态度对搞好安全工作具有重大影响，在安全管理中，应通过宣传、教育、团体作用使工人对安全工作的态度不仅是正确的，而且要达到内化的程度。

四、非理智行为的心理因素

1．侥幸心理
2．麻痹心理
3．省能心理
4．逆反心理
5．逞能心理

6．帮忙心理

7．凑兴心理

8．从众心理

五、颜色的心理作用

（一）颜色现象

1．明度、色调和饱和度

2．颜色的混合

（二）颜色的心理作用

1．冷暖感

2．兴奋和抑制感

3．前进和后退感

4．轻重感

5．轻松和压抑感

6．软硬感

7．膨胀色与收缩色

六、声音对心理的作用

（一）乐声的作用

各种运动场所，嘹亮的运动员进行曲可以激发运动员们的运动热情，这是由于运动员们受到音乐感染的结果，乐声还可以减少运动员们的紧张情绪。母亲用催眠曲使孩子入睡也是同样的道理，乐声还可以帮助消化，减少人们各种各样的痛苦。

（二）噪声的危害

高强度噪声使大脑皮层兴奋和抑制调节失调，脑血管功能紊乱，对心理产生一种压制，使血压改变，导致烦躁不安，产生幻觉。

教学方法
多媒体教学+案例分析+课堂讨论+学生讲课

课堂讨论与练习
① 如何应用能力的个体差异搞好安全工作？
② 何谓注意？有哪些特征？
作业安排及课后反思
① 何谓人的感觉适应性、感觉有效刺激及感觉相互作用？对上述特性的研究对安全工作有什么作用？
② 人的视觉、听觉各有哪些特征？
③ 何谓人的反应时间？如何能缩短人的反应时间？
④ 如何能提高人的信息处理能力？
⑤ 由非理智行为而引发的违章操作的心理因素有哪些表现？
⑥ 色彩对人有哪些生理、心理影响？作业场所和工作面色彩选择注意哪些问题。
⑦ 声音对人的心理作用主要体现在哪些方面？

3.6　教学单元六——人的生理和心理及生物力学特征（中）

授课过程

课程名称	安全人机工程学	章节名称	人的生理和心理及生物力学特征（中）	学时	8
教学日期	第 6 周				

教学目标

① 了解人体生物力学的一般知识。

② 理解人体各部分的操纵力。

③ 理解人体动作的速度与准确度。

④ 掌握影响人体作用力的因素。

主要内容

① 人的生物力学的一般知识。

② 人体各部分的操纵力。

③ 人体动作的速度与准确度。

④ 影响人体作用力的因素。

⑤ 安全人机工程实验：a．手指灵活性测试；b．视野的测定；c．动觉方位辨别能力的测定。

拓展：作业能力的动态分析。

重点：人体生物力学的基本知识、影响人体作用力的因素。

难点：人体肌肉力学特性、人体运动特征、手的操纵力。

教学过程

第一节　人体生物力学（熟悉）

一、人体生物力学的一般知识

（一）骨骼的功能

1. 人体骨骼强度

一定范围内，骨的应力-应变关系是线性的，服从虎克定律，但当超过一定应力数值后，这种关系就不再成立。新鲜骨的强度（指骨断裂时的最大应力）比干骨低 50%，但它有较好的延伸性，因此，断裂所需的能量高于干骨。骨骼的抗压强度高于其抗拉强度 50%左右。不同骨的抗拉强度差别较大，但不同骨的抗压强度差别不大。如肱骨的抗拉强度较高，股骨和胫骨的抗拉强度都比肱骨低。对骨骼不同部位的强度及骨密度的研究表明，强度和密度之间只有大约40%的强度差别可用密度的不同来解释。因此，骨骼强度的差别主要是由不同骨结构的形式不同造成的。

2. 骨的功能

人体全身约有 205 块骨，可分为头颈骨、上肢骨、下肢骨、躯干骨、脊椎骨等，由这些骨骼支撑着人体，每块骨都有一定的形态、结构、功能、位置及其神经和血管。骨所承担的功能主要有：

骨形成体腔的壁，如头颅腔、胸腔、腹腔、盆腔等，以保护大脑、肝胆、脾胃、肾、肠及生殖器官等人体内脏重要器官。

骨之间由关节连接构成骨骼，形成人体支架，支撑人体全身的重量，支撑人体的肌肉、皮肤、内脏器官等软组织，骨骼与肌肉一块共同维持人体的外部形态。使人成为具有一定高度、宽度、厚度的实体。

骨骼的骨髓腔和松质的腔隙中充填着骨髓，骨髓是一种柔软而富有血液的组织，其中的黄骨髓可储藏脂肪；红骨髓具有造血功能，骨髓中的钙和磷参与体内钙、磷代谢而处于不断变化状态。所以，骨髓除具备造血功能外还是体内脂肪、钙和磷的储备仓库。

肌肉在神经系统支配下产生收缩时，牵动着骨围绕着关节活动，使人体产生各种动作。因此，骨是人体活动的杠杆。

3. 骨杠杆

平衡骨杠杆。人体支点位于重点与力点之间，类似天平秤的原理，例如通过关节调节头的姿势运动。省力骨杠杆，此类骨杠杆的重点位于力点与支点之间，例如足跟踝关节的运动。

速度骨杠杆。力点在重点和支点之间，阻力臂大于力臂，例如手执重物时肘的运动，此类杠杆的运动在人体中较常见。众所周知，杠杆原理是省力不省功的原理，若肌肉产生的力量大而运动范围（或幅度）小，即得之于力则失之于速度；反之，若肌肉产生的力量小而运动范围（或幅度)大，即得之于速度则失之于力。由此可见，力量与运动速度(或幅度范围）是互相矛盾的。因此，在人机系统操纵设计时，应充分考虑这一原理。

（二）关节的活动范围

1．关节的连接

直接连接。骨与骨之间借助结缔组织、软骨或骨互相连接，其间范围很小或完全不能活动，故又称为不动关节。

间接连接。两骨之间借助膜性囊互相连接，其间具有腔隙，有较大的活动性，此种骨连接称为关节。

2．关节的作用

关节的损伤。关节除了有将骨与骨相连的功能之外，还可与肌肉和韧带连接在一起，因韧带既可有连接两骨、增加关节的稳定性的作用，还有限制关节运动的作用。这样一来，人体各关节的活动就要受到限制，若超过其限制范围，则会受到损伤。

关节的舒适。当人体处在最大活动范围以内的活动，即处在各种舒适姿势时，相应的关节也会处在舒适范围之中，此时人的活动时间即可持久，而且其活动质量与效率也会高，可靠性与安全性均会高。

3．人体肌肉力学特性

不论人体骨骼与关节机构怎样完善，如果没有肌肉，就不能做功。所以，人体活动的能力决定于肌肉。肌肉的基本机能是将摄入的化学能转变成机械能或热能再转变成机械功或力，肌肉收缩时所产生的力其长度改变与改变的速度，反映了肌肉活动的主要生物行为学特征。人体的肌肉依其形状构造、功能、分布等可分为平滑肌、心肌、横纹肌三种。横纹肌大都跨越骨关节，附着于骨骼，故又称为骨骼肌；由于骨骼肌的运动要受人的意志支配，故又称随意肌。少数横纹肌附着于皮肤，称为皮肌，因为人体运动主要与横纹肌有关，所以安全人机工程学所讨论的肌肉仅限于横纹肌（简称肌肉）。

4．人体运动的特征

人体是一个有机的物质系统，身体各个部分的运动都是转动，转动状态的改变则不是取决于力，而是取决于力矩。

5．人体活动范围

① 最有利范围：是指可使人在既达到动作目的同时又保证了人的工作轻松、舒适、不疲劳的最佳效果的人体活动范围，也可称顺手可及活动范围。因

此要求施加的操纵力不大的、使用频率很高的、极重要的操作装置应安装在此范围内。

② 正常范围：是指人体一般活动均在此活动范围内进行，如上肢相对于不动的肩膀在关节弯曲时外切弧的范围。在此活动范围内的活动，要求施加的操纵力较大，但人不感觉到吃力，并且能持久地维持作业姿势、作业能力、作业速度、作业意志，既能保障安全生产，又能保证产品质量和高工效，是理想的作业场所。因此，一般常用的又重要的操作装置应安装在此范围内。

③ 最大可及范围：是指肢体长时间处于最大限度伸直状态的活动范围。在最大可及范围内工作时，肌肉之间会产生内力，肌肉的能量主要消耗在为使动作达到不同的准确性时所产生的速度上，因此长时间处于此活动范围内的活动就容易引起疲劳。所以布置操纵机构时，要充分考虑人体的活动范围，尽可能不使人在最大可及范围内工作。但是不常用的费力很大的操作装置应安装在此范围内。

二、人体各部分的操纵力

（一）操纵力

操纵力是指操作者在操作时为达到操作的目的所付出的一定数量的力。肢体的力量来自肌肉收缩，肌肉收缩时所产生的力称为肌力。在操作活动中，肢体所能发挥的力量大小除了取决于人体肌肉的生理特征外，还与施力姿势、施力部位、施力方式和施力方向有密切关系。

（二）手的操纵力包括以下五个力

1. 坐姿操纵力
2. 立姿操纵力
3. 握力
4. 拉力与推力
5. 扭力和提力

（三）脚的操纵力

脚产生力的大小与下肢的位置、姿势和方向有关。脚产生的操纵力一般都是以压力的形式出现，压力的大小与脚离开人体中心对称线向外偏转的程度有关。一般来说，在坐姿的情况下，脚的伸展力大于屈曲力；右脚的操纵力大于左脚的操纵力；男人脚力大于女人脚力。

三、人体活动的速度与准确度

（一）肢体的动作速度

肢体动作速度的大小，基本上决定于肢体肌肉收缩的速度。对于操作动作速度，还取决于动作方向和动作轨迹等特征。

人的无条件反应时间为 0.1～0.15s，听觉反应为 0.1～0.2s，手指叩击速度 1.5～5 次/s，判断时间为 1～5s。

（二）肢体的动作频率

动作频率是指在一定时间内动作所重复的次数。肢体的动作频率也取决于动作部位和动作方式，在操作系统设计时，对操作速度和频率的要求不得超出肢体动作速度和频率的能力限度。

（三）人体动作的灵活性

改变操纵方向时，圆形轨迹比直线轨迹灵活。前后往复比左右往复动作的速度大。最大动作速度与被移的负载的重量成正比，而达到最大速度所需要的时间与被移动的负载成正比人体较短部位的动作比较长部位的动作灵活；人体较轻部位的动作比较重部位的动作灵活；人体体积较小部位的动作比较大部位的动作灵活。

进行安全人机系统设计时，为使动作的速度、频率和准确性、灵活性很好地结合，须遵循的规律：

① 劳动时，不论连续动作时间长短，都应在最有利的位置开始和结束。

② 沿曲线的、直线的或不规则轨迹的动作，都应该让操作者的动作从容不迫。

③ 具有急剧改变方向的动作，应尽量采用流畅而连续的动作。

④ 手在水平内动作比在垂直面内的动作要准确。

⑤ 工作时的动作次数应尽量减少，频率应降低。

⑥ 重要作业尽可能由一个人的动作完成。

⑦ 最重要和常用的装置或工具应当放在最有利范围之内。

⑧ 操纵者的操纵动作，按适宜的半径做圆周运动比沿直线运动好。

⑨ 从一个操纵位置到另一个操纵位置的动作应当平稳，不允许有跳跃式动作。

⑩ 如果操作者不可避免地按不正确的轨迹动作时，应当考虑改变手的动作，这时采用直线形式的轨迹要灵活些。

四、影响人体作用力的因素

（一）体重

体重既有利于操纵的，又有不利于操纵的，操纵时应尽量避免将力耗费在不合理的动作和身体的运动上。

体重对操纵既有好处也有坏处，应该取其有利的一面，采取相应姿势尽量使体重发挥作用。

（二）体位

操纵者的体位（立位、坐位、躺位）、躯干的稳定性对人的作用力也有一定的影响。

立位作业可以经常改变操纵的姿势，活动范围大，易于用力，但单调作业会引起疲劳，立位可适当走动，有助于维持工作能力，但立位不易进行精确而细致的工作，不易转换操作，而且肌肉要作更多的功用以维持体重，易引起疲劳。

坐位则可以进行较长时间精确而细致的工作，可以手足并用，但是坐位作业则不易改变姿势，用力受限制，工作范围受局限，久坐会导致生理性疲劳。

躺位操作易疲劳，汽车修理工修理汽车时就有时必须仰躺着工作。

（三）个体因素

不同人的力量相差很大，强壮的人的力量是虚弱的人的力量的 6～8 倍。影响人体力量的因素有基因、人的尺寸、训练、动机、年龄和性别等。人在

25～35 周岁时，力量达到最大值，在此以后，随着年龄的增长人体力量开始下降。

第二节 作业能力的动态分析（拓展内容，需熟悉）

一、作业能力的动态变化规律

作业能力是指作业者完成某项作业所具备的生理、心理特征和专业技能等综合素质。它是作业者蕴藏的内部潜力。这些心理、生理特征，可以从作业者单位作业时间内生产的产品数量和质量间接地体现出来。在实际生产过程中，生产的成果（这里指产量和质量）除受作业能力的影响外，还要受到作业动机等因素的影响，即

$$生产成果 = 广作业能力 \times 作业动机$$

在作业动机不变的情况下，生产成果的波动主要反映在作业能力的变化上。体力作业时典型的动态变化规律一般呈现三个阶段。

（一）入门期（induction period）

作业开始时，由于神经调节系统的"一时性协调功能"尚未完全恢复与建立，致使呼吸与血液循环系统以及四肢调节迟缓，导致作业效率起点较低；随着"一时性协调功能"的加强，作业动作逐渐加快并趋于准确，习惯定型得到了巩固，作业效率迅速提高。入门期一般可持续 1～2h。

（二）稳定期（steady period）

作业效率稳定在最好水平，产品质量达到控制状态，此阶段一般可维持 1～2h。

（三）疲劳期（fatigue period）

作业者产生疲劳感，注意力起伏分散，操作速度和准确性降低，作业效率明显下降，产品质量出现非控制状态。通常经过午休之后，下午的作业又会重复上述的三个阶段，但这时入门期和稳定期的持续时间要比午休前得短，而且疲劳期出现得早。有时在作业快结束时出现一种作业效率提高的现象，这种现

象称为终末激发期（terminal motivation）。通常这个时期的维持时间很短。以脑力劳动和神经紧张型为主的作业，其作业能力动态特性的差异很大。这种作业的能力变化情况，取决于作业类型及其紧张程度，作业者的生理和心理指标的变化，很难找出具体的规律性。

二、动作的经济与效率法则

动作的经济与效率法则又称动作经济原则，它是一种为保证动作既经济又有效的经验性法则。该法则首先由吉尔布雷斯提出，后众多学者进一步改进和发展。

（一）利用人体的原则

① 双手应同时开始，并同时完成动作。

② 除休息时间外，双手不应同时闲着。

③ 双臂的动作应对称，方向应相反，并同时进行。

④ 双手和身体的动作应该尽量以减少不必要的体力消耗为准则。

⑤ 应当利用力矩协助操作。当必须用力去克服力矩时，则应将其降至最小。

⑥ 动作过程中，使用流畅而且连续的曲线运动，尽量避免方向发生突然急剧的变化。

⑦ 抛物线运动比受约束或受控制的运动更快、更容易、更精确。

⑧ 动作要从容、自然、有节奏和规律，要避免单调。

⑨ 作业时眼睛的活动应处于舒适的视觉范围内，避免经常改变视距。

（二）布置工作地点的原则

① 应该有固定的工作地点，要提供所需的全部工具与材料。

② 工具和材料应该放在固定的地方，以减少寻找时造成的人力与时间上的浪费。

③ 工具、物料以及操纵装置应放在操纵者的最大工作范围之内，并且要尽可能靠近操作者，但应避免放在操作者的正前方。应使操作者手移动的距离和移动次数越少越好。

④ 应借助于重力去传送物料，并尽可能将物料送到靠近使用的地方。

⑤ 工具和材料应按最佳动作顺序进行排列与布置。

⑥ 应尽量借助于下滑运动传送物料，要避免操作者用手去处理已完工的工件。

⑦ 应提供充足的照明。提供与工作台高度相适应并能保持良好姿势的座椅。工作台与座椅的高度应使操作者可以变换操作姿势，可以坐、站交替，具有舒适感。

⑧ 工作地点的环境色应与工作对象的颜色有一定的对比，以减少眼睛的疲劳。

（三）设计工具和设备的原则

① 应尽量使用针模、夹具或脚操纵的装置，将手从所有的夹持工件的工作中解放出来，以便做其他更为重要的工作。

② 尽可能将两种或多种工具结合为一种。

③ 在应用手指操作时，应按各手指的自然能力分配负荷。

④ 工具中各种手柄的设计，应尽量增大与手的接触面，以便施加较大的力。

⑤ 机器设备上的杠杆、手轮和短把等的位置：应尽量使作业者在使用时不改变或极少改变身体位置，并应最大限度地使用机械力。

教学方法
多媒体教学+案例分析+课堂讨论+学生讲课
课堂讨论与练习
① 何谓注意？有哪些特征？
② 人体四肢操纵力有哪些特点？对操纵器布置有哪些影响？
作业安排及课后反思
① 何谓人的感觉适应性、感觉有效刺激及感觉相互作用？对上述特性的研究对安全工作有什么作用？
② 人的视觉、听觉各有哪些特征？
③ 何谓人的反应时间？如何能缩短人的反应时间？
④ 如何能提高人的信息处理能力？

⑤ 由非理智行为而发生违章操作的心理因素有哪些表现？

⑥ 如何应用能力的个体差异搞好安全工作？

⑦ 色彩对人有哪些生理、心理影响？作业场所和工作面色彩选择注意哪些问题。

⑧ 声音对人的心理作用主要体现在哪些方面？

⑨ 人体活动范围可分为哪几类？如何根据作业特点确定适宜的作业范围？

⑩ 在进行安全人机系统设计时，为了使运作速度、频率和准确性、灵活性很好结合，必须遵循哪些规律？

3.7　教学单元七——人的生理和心理及生物力学特征（下）

授课过程

课程名称	安全人机工程学	章节名称	人的生理和心理及生物力学特征（下）	学时	2
教学日期	第 7 周				

教学目标

① 了解脑力负荷的概念和影响因素。

② 掌握脑力负荷的测量方法。

③ 了解疲劳的概念。

④ 理解疲劳的分类和产生机理。

⑤ 理解影响作业疲劳的因素。

⑥ 掌握疲劳的改善与消除。

主要内容

① 脑力负荷的概念和影响因素。

② 疲劳与恢复的概念。

③ 影响作业疲劳的因素。

④ 疲劳的改善与消除。

自学：脑力负荷的概念。

拓展：习惯与错觉、海事案例分析。

重点：脑力负荷的概念和影响因素、脑力负荷的测量方法、疲劳的概念、疲劳的改善与消除。

难点：脑力负荷的测量方法，包括主观评价法、主观负荷评价法、NASA-TLX 主观评价法。

教学过程

第一节　脑力负荷（了解）

一、脑力负荷的概念和影响因素

（一）脑力负荷的概念

脑力负荷也称为心理负荷、精神负荷、工作负荷等，脑力负荷与体力负荷相对应，指单位时间内人承受的脑力活动的工作量，用来形容人在工作时的心理压力或信息处理能力。目前脑力负荷并没有严格的定义。几种常见的脑力负荷概念如下：

① 脑力负荷是人们在工作时的信息处理速度，即决策速度和决策的困难程度。

② 脑力负荷是工作者用于执行特定任务时使用的那部分信息处理能力。

③ 脑力负荷是人们为满足客观和主观的业绩标准而付出的注意力大小，它与任务需求和个体的经历有关。

④ 脑力负荷是衡量人的信息处理系统工作时被使用情况的一个指标，并与人的闲置未用的信息处理能力成反比，人的闲置未用的信息处理能力越大，脑力负荷越低；反之，人的闲置未用的信息处理能力越小，脑力负荷则越大。

⑤ 脑力负荷可以用两个因素概括表示：一个是时间占有率，一个是信息处理强度。时间占有率是指在给定的时间内，人的信息处理系统为了完成给定的任务不得不工作的时间。时间占有率越低，脑力负荷越轻；时间占有率越高，脑力负荷越重。信息处理强度是指在单位时间内需要处理的信息或处理信息的复杂程度，信息处理强度越大，脑力负荷越重；反之，脑力负荷越轻。

（二）脑力负荷的影响因素

脑力负荷的影响因素很多，主要包括了三个方面：工作内容、人的能力和努力程度。工作内容直接影响脑力负荷，表现为工作内容越多、越复杂，工作者的脑力负荷就越高。时间压力、工作内容的困难程度和工作强度等都属于工作内容的细分因素，这些都会影响脑力负荷。时间压力指工作者在完成任务时对时间的紧迫感，时间越近，人的脑力负荷越大。工作内容的难度指工作者完成任务的困难程度，工作难度越大，脑力负荷也越大。工作强度指单位时间内的工作需求，在单位时间内完成的工作越多，脑力负荷越大。

人的能力表现出个体差异，在其他条件不变的情况下，完成相同的任务时，能力越大的人，脑力负荷越小。人的能力也会受到其他因素的影响，如人格、年龄、情绪、健康状况以及外在工作环境的影响。此外，知识技能的培训也能提升人的特定能力。人在完成任务时的努力程度也会影响脑力负荷。

努力程度是指人们为了达到一定的目标而进行的一系列活动的程度。一般来说，当人们努力工作时，脑力负荷增加。但努力程度对脑力负荷的影响也有例外，例如，当工作者更努力时，自己的工作能力可能会增加，脑力负荷反而下降。

二、脑力负荷的测量方法

（一）主观评价法

脑力负荷主观评价法是一种重要的系统评估工具，在评估脑力负荷领域有十分广泛的应用。这是目前最简单，也是最流行的脑力负荷测量方法。此方法要求工作者判断并报告某项任务对他们造成的脑力负荷，或根据脑力负荷体验对操作活动和工作任务进行难度顺序的排列。研究者普遍发现，脑力负荷的主观测量法可以与任务表现剥离开来。主观测量法在实际应用上具有很多优势，比如容易实施、不需仪器及敏感性较强，这种方法的理论基础与人们的能力和他们能够精确报告的个人努力程度是相关的。主观评价法中比较常见的测量方法是库柏-哈柏（Cooper-Harper）评价法、主观负荷评价法（SWAT 量表）和 NASA-TLX 主观评价法。

（二）主任务测量法

主任务测量法是通过对操作者在工作中的表现结果来推算这一工作强加于操作者的脑力负荷。这种方法假定：当脑力负荷增加时，这增加的脑力负荷对操作者能力的要求将改变操作者的脑力负荷。这种方法假定：在系统中的表现。主任务测量法可以分为两类：单指标测量法和多指标测量法。单指标测量法是用一个业绩指标来推断脑力负荷。其优点是结果比较简单明了；缺点是有时候不够准确。例如，利用考试成绩评价考试的难易。多指标测量法是用多个业绩指标来测量脑力负荷。其优点是结果更准确；缺点是数据比较难处理。例如，利用考试成绩和交卷时间评价考试的难易。

（三）辅助任务测量法

应用辅助任务测量法时，操作人员被要求同时做两件工作。操作人员把主要精力放在主任务上，当他有多余的能力时，尽量做辅助任务。在这种方法中，主任务的脑力负荷是通过辅助任务的表现来进行的。主任务脑力负荷越大，剩余资源越少，操纵者从事辅助任务的能力就越弱。用辅助任务法测量脑力负荷步骤如下：第一步，测量单独做辅助任务时的业绩指标；第二步，在做主任务的同时，在不影响主任务的情况下尽量做辅助任务。测出此时做辅助任务时的业绩指标。用主任务的业绩指标和辅助任务的业绩指标的差来决定脑力负荷，差越大脑力负荷越大，反之脑力负荷就越小。辅助任务测量法是建立在某些假设的基础上的。第一，人的能力是一定的，就像一个瓶子的容积一样；第二，人的能力是单一的，即不同的任务使用相同的资源。不同的任务使用不同的资源，因而使可使用的辅助任务也有很大的不同，7 种常用的辅助任务包括选择反应、追踪、监视、记忆、脑力计算、复述、时间估计。

（四）生理测量法

生理测量法是通过人在做某一项脑力类型的工作时利用某一个或某一些生理指标的变化来判断脑力负荷的大小。许多不同的生理指标，如心跳、呼吸、瞳仁、EMG（electromyography 肌电图）、EEG（electrocephalography 脑电图记录）等被推荐用来测量脑力负荷。当前，这些指标中的两项，即心跳变化率和脑电图中的 p300 被认为是最可能有用的指标。正常情况下，人的心率是不规则的。当人承受脑力负荷时（采用每分钟 40 个信号和 70 个信号两种情况），两种情况的心率平均值没有很大提高，但心率变异明显下降，而且随着负荷强度（所处理的信号数）增加，心率变异越来越小，曲线趋于平直。瞳孔直径也可以表征脑力负荷，因为瞳孔直径会随着任务加工的需求而变化，对感知、认知、加工需求相关的响应表现敏感。任务的难度越大，瞳孔直径越大。

脑电 EEG 是指人脑细胞时刻进行的自发性、纪律性、综合性的电位活动，按频率可划分为 5 种节律波。其中，节律的变化会随任务难度变化，当任务难度增大，a 波功率减少，B 波功率增大。大脑诱发电位的变化也可以反应脑力活动的负荷，其中 P300（指刺激呈现后约 300ms 时出现的一个正向电位波动）尤为敏感。随着脑力负荷增大，由外界刺激诱发的大脑电位中的 P300 振幅持续减少，说明 P300 与人处理信息量有关，因而与脑力负荷有关。

第二节 疲劳与恢复（了解）

一、疲劳的概念

（一）疲劳的定义

疲劳就是在人体发生失去功能或扰乱功能这样的变化时，引起生理活动的变化，也就是发生机能变化、物质变化、自觉疲劳和效率变化的现象。所谓疲劳就是人体内的分解代谢和合成代谢平衡不能维持，换言之，当高位与低位的代谢反应平衡不正常时叫疲劳。

疲劳是体力和脑力效能暂时的减弱。作业者在作业中，作业机能衰退，作业能力下降，并伴有疲倦感等主观症状。

（二）疲劳的特点

大脑与疲劳有关的现象，乃是人身疲劳的最大特征。限制过度劳累，起着预防机体过劳的警告作用，即具有防护身体安全的作用。人体疲劳后，具有恢复原状的能力，而不会留下损伤痕迹。由作业内容和环境变化引起，当作业内容和环境改变，疲劳可以减弱或消失。从有疲倦感到精疲力竭，感觉和疲劳有时并不一定同步发生。

二、疲劳的分类和产生机理

（一）疲劳的分类

① 按疲劳的原因分为生理性/心理性疲劳。
② 按疲劳所发生的部位分为精神/肌肉/神经疲劳。
③ 按疲劳的程度分为一般/过度/重度疲劳。

④ 按疲劳产生的时间长短分为急性/慢性疲劳。

⑤ 按作业方式分为动态作业/静态作业疲劳。

⑥ 基于疲劳表象的分析分为：a. 个别器官疲劳，如计算机操作人员的肩肘痛、眼疲劳；打字、刻字、刻蜡纸工人的手指和腕疲劳等。b. 全身性疲劳，全身动作，进行较繁重的劳动，表现为关节酸痛、困乏嗜睡、作业能力下降、错误增多、操作迟钝等。c. 智力疲劳，长时间从事紧张脑力劳动引起的头昏脑胀、全身乏力、肌肉松弛、嗜睡或失眠等，与心理因素相联系。d. 技术性疲劳，常见于体力脑力并用的劳动，如驾驶汽车、收发电报、半自动化生产线工作等，表现为头昏脑胀、嗜睡、失眠或腰腿疼痛。e. 心理性疲劳，多是由单调的作业内容引起的。例如，监视仪表的工人。信号率越低越容易疲劳，使警觉性下降。这时的疲劳并不是体力上的，而是大脑皮层的一个部位经常兴奋引起的抑制。

（二）疲劳产生的机理

1. 疲劳物质累积机理

作业者短时间内从事大强度体力劳动，消耗较多能量，能量代谢需要的氧供应不充足产生无氧代谢，乳酸在肌肉和血液中储积，使人感到身体不适，即产生疲劳感。

2. 力源衰竭机理

作业者从事轻或中等劳动强度作业，由于时间较长，造成肝糖原耗竭，使人产生全身不适，即产生全身性疲劳。

3. 中枢变化机理与生化变化机理

有关学者认为，全身或中枢性疲劳是强烈或单调的劳动刺激引起大脑皮层细胞存储的能源迅速消耗，这种消耗引起恢复过程的加强，当消耗占优势时，会出现保护性抑制，以避免神经细胞进一步损耗并加速其恢复过程，这一机理称为中枢变化机理。美、英学者认为全身性疲劳是由作业及其环境所引起的体内平衡紊乱，引起紊乱的原因除包含局部肌肉疲劳外，还有其他许多原因，如血糖水平下降、肝糖原耗竭、体液丧失、体温升高等，此机理称为生化变化机理。

4. 局部血流阻断机理

静态作业时，肌肉收缩，肌肉变得僵硬，其内压增大，可达几十千帕，引起部分或全部血流阻断。能量代谢在缺氧或无氧状态下进行。血液中产生乳酸堆积，产生局部疲劳感。

三、影响疲劳程度的因素

生理性疲劳除与劳动方式、速度、强度和劳动时间、身心活动简单的因素有关外，还与照明、气候、温度、湿度等工作环境因素有关。劳动内容单调极易引起心理性疲劳。性格差异和智能水平的高低使人们在工作中产生厌倦和疲劳的程度是不同的。生性欢快好动的人，在工作中易感疲劳；性格沉静安分的人，在工作中不易感疲劳。

拓展：疲劳与安全

（一）反应和动作迟钝引起的事故

举例：这类事故多见于夜班或长时间作业未得到休息的情况，多为技术性作业事故。如某矿的卷扬机司机，白天休息不充分，夜班时打盹，开动卷扬机后即进入半睡眠状态，以致造成过卷事故，拉断钢绳，坠入井底。类似事故不胜枚举。又如某个体汽车司机昼夜连续行车，最后困倦不支，车辆失去控制，坠入公路桥下，车毁人亡。体力为主的劳动，事故危险性小。立位工作比坐位工作更安全，因为坐位技术性作业者更易因困倦而入睡，因为在极度疲劳和困倦时，往往无法自我控制。

（二）反应和动作迟钝引起的事故

举例：疲劳感越强，人的反应速度越慢，手脚动作越迟缓。某钢厂厂区内铁路纵横交错，道口很多。疲劳状态下的工人在下班途中或作业中常不能敏锐地觉察侧面和后面来车，因而引起伤亡事故。如有一次调车中，将正在操作没有觉察躲避的操作工扎倒致死。又如某矿井，三名工人因疲劳靠在休息处休息，突然矿壁塌落，一名坐着休息的工人被砸死，二名立位工人受重伤。一方面是因为疲劳，没有正确选择休息地点；另一方面是因为疲劳后感官敏感度下降，不能及时觉察塌落预兆。

（三）疲劳心理作用

疲劳常造成心绪不宁，思想不集中，心不在焉，对事物反应淡漠、不热心，视力听力减退等。如某建筑工地拆除方形脚手架，事先约定，上部每扔下三根木杆，下部人员进入脚手架下抽取木杆一次。但是因下部作业的工人上班前通宵熬夜，过度疲劳，精神恍惚。工作几个周期后下部没有反响，上部作业人员下来才发现下面的工人已被脚手杆打死。

（四）环境因素加倍疲劳效应

各工业部门在高温季节（七八月份）事故发生率较高；室外作业则在寒冷季节事故率增大。

（五）疲劳与机械化程度

历史地分析事故发生率，可以发现：手工劳动时期事故率低，高度机械化、自动化作业事故率也较低；半机械化作业事故率最高，其中包含许多人机学问题。半机械化作业时，人必须围绕机械进行辅助作业，因为人比机械力气小，动作慢，所以往往用力较大造成疲劳，再加上人机界面上存在问题就会导致事故发生。

四、疲劳的改善与消除

（一）提高作业机械化和自动化程度

（二）加强科学管理改进工作制度

（三）合理安排工作时间及休息时间

（四）多种休息方式结合

（五）轮班工作制度

（六）业余活动和休息的安排

第三节　习惯与错觉（拓展内容，需了解）

一、群体习惯

习惯分为个人习惯与群体习惯。群体习惯是指在一个国家或一个民族内部，人们所形成的共同习惯，一个国家或一个民族的人，对工器具的操作方向（前后、上下、左右、顺时针和逆时针等），有着共同习惯。这类群体的习惯有的是与世界各地相同的，也有的是不同的。例如，顺时针方向旋拧螺栓是拧紧，逆时针方向旋扩是放松；逆时针方向旋转水龙头是放水，顺时针旋转是水龙头关水，这些在世界各地几乎是一致的。而电灯开关按钮却是另外一种情况，通常英国人往下扳动为开灯，中国人往上扳动为开灯。至于生活风俗习惯，不同之处就更多了。符合群体习惯的机械工具，可使作业者提高工作效率，减少操作错误。因此对群体习惯的研究在人机工程学中占有相当重要的位置。

二、动作习惯

绝大多数人习惯用右手操作工具和做各种用力的动作。他们的右手比较灵活而且有力。但在人群中也有 5%～6%的人惯用左手操作和做各种用力的动作。至于下肢，绝大多数人也是惯用右脚，因此机械的主要脚踏控制器，一般也放在机械的右侧下方。总之，惯用右侧者在人群中占绝大多数，这个事实在人机系统设计时应该予以考虑。

三、错觉

错觉是指人所获得的印象与客观事物发生差异的现象。造成错觉的主要原因有心理因素和生理因素。首先，讨论视错觉。视错觉主要是对几何形状的错觉，可分四类：①长度错觉；②方位错觉;③透视错觉；④对比错觉。除了视错觉之外，还有空间定位错觉、大小与重量错觉、色错觉、听错觉、运动视觉中的错觉等。同样，正确认识与掌握人可能导致的错觉现象，这对指导人机系统的合理设计十分有益。

第四节　选择适合的海事案例分析（扩展内容，需了解）

教学方法
多媒体教学+案例分析+课堂讨论+学生讲课
课堂讨论与练习
影响人体作用力的因素有哪些？
作业安排及课后反思
① 举例说明不当的人体用力及其改进方法。
② 疲劳对人来讲有何积极和消极的作用？对安全生产有何影响？
③ 如何能减少或改善作业人员的疲劳？

3.8 教学单元八——安全人机功能匹配

授课过程

课程名称	安全人机工程学	章节名称	安全人机功能匹配	学时	4
教学日期	第8、9周				

教学目标

① 了解人机系统的类型和功能。

② 了解机械的组成及在各状态的安全问题。

③ 理解人机的主要功能及其比较。

④ 掌握人机功能分配的含义、原则及对人机系统的影响。

主要内容

① 人机系统的基本概念。

② 机械的安全特性。

③ 人机功能匹配。

拓展内容：汽车交通特大事故案例分析。

自学：人机系统的基本概念。

重点：人的可靠性模型及研究方法。

难点：人的可靠性模型。

教学过程

第一节 人机系统的基本概念（了解）

一、人机系统的类型

（一）按有无反馈分类

开环人机系统：开环人机系统是指系统中没有反馈回路或输出过程也可提供反馈的信息，但无法用这些信息进一步直接控制操作，即系统的输出对系统的控制作用没有直接影响。如操纵普通车床加工工件，就属于开环系统。

闭环人机系统：闭环人机系统是指系统有封闭的反馈回路，输出对控制作用有直接影响。若由人来观察和控制信息的输入、输出和反馈，如在普通车床加工工件，再配上质量检测机构反馈，则称为人工闭环人机系统；若由自动控制装置来代替人的工作，如利用自动车床加工工件，人只起监督作用，则称为自动闭环人机系统。

（二）按系统自动化程度分类

人工操作人机系统：这类系统包括人和一些辅助机械及手工工具。由人提供作业动力，并作为生产过程的控制者。人直接把输入转变为输出，系统的效率主要取决于人。

半自动化（机械化）人机系统：这类系统由人和机器设备或半自动化机器设备构成，人控制具有动力的机器设备，人也可能为系统提供少量动力，对系统做某些调整或简单操作。这种系统中，人与机器之间信息交换频繁、复杂。人通过感知生产过程中来自机器、产品的信息，经人的处理成为进一步操纵机器的依据，这样不断地反复调整，保证人机系统得以正常运行。

自动化人机系统：这类系统由人和自动化机器设备构成，系统中信息的接受、储存、处理和执行等工作全部由机器完成，机器本身就是一个闭环系统，人只起管理和监督作用，只有发生意外情况，人才采取强制措施。系统的能源从外部获得，人的具体功能是启动、制动、编程、维修和调试等。为了安全运行，系统必须对可能产生的意外情况设有预报及应急处理的功能。值得注意的是，不应把本来一些适合于人操作的功能也自动化了，其结果引起系统的可靠性和安全性下降，人与机器不相协调。

（三）按人机结合方式分类

人机串联系统：作业时人直接介入工作系统、操作工具和机器，人通过机器的作用产生输出，这种人机结合使人的长处和作用增大，但是也存在人机特性互相干扰的一面。由于受人的能力特性的制约，机器特长不能充分发挥，而且还会出现种种问题。例如，当人的能力下降时，机器的效率也随之降低，甚至由于人的失误而发生事故。所以，采用串联系统时，必须进行人机功能的合理分配，使人成为控制主体并尽量提高人的可靠性。

人机并联系统：作业时人间接介入工作系统，人的作用以监视、管理为主，手工作业为辅，人通过显示装置和控制装置间接地作用于机器，产生输出。这种结合方式，当系统正常时人管理、监视系统的运行，系统对人几乎无操作要求，人与机的功能有互相补充的作用。但是人与机结合不可能是恒定的，当系统正常时机器以自动运转为主，人不受系统的约束；当系统出现异常时，机器由自动变为手动，人必须直接介入到系统中，人机结合从并联变为串联，要求人迅速而正确地判断和操作。

人与机串、并混联系统：人与机串并联又称混合结合方式，也是最常用的结合方式，这种结合方式多种多样，实际上都是人机串联和人机并联两种方式的综合，往往同时兼有这两种方式的基本特性。在人机系统中，无论是单人单机、单人多机、单机多人，还是多机多人，人与机之间的联系都发生在人机界面上。而人与人之间的联系主要是通过语言、文字、文件、电信、标志、符号、手势和动作等。人与人之间的信息交流属于人机系统中人的子系统范畴，也是人机界面研究的内容。

二、人机系统的功能

人机系统是为了实现安全与高功效的目的而设计的，也是由于能满足人类的需要而存在的。在人机系统中虽然人和机器各有其不同的特征，但在系统中所表现的功能却是类似的。人机系统为满足人类的需要必须具备的几大功能：信息接收、信息储存、信息处理和执行等。信息接收、信息处理和执行功能是按系统过程的先后顺序发生的。而信息储存与其他功能均有联系，都表示在其他功能之上，并与其主要过程相联系。

第二节　机械的安全特性（了解）

一、机械的组成及在各状态的安全问题

（一）机械的组成

机器的种类繁多，形状大小差别很大，应用目的也各不相同。

从机器最基本的特征入手，得出机器组成的一般规律：由原动机将各种形式的动力能变为机械能输入，经过传动机构转换为适宜的力或速度后传递给执行机构，通过执行机构与物料直接作用，完成作业或服务任务，而组成机械的

各部分借助支承装置连接成一个整体。

（二）机械在各种状态的安全问题

1. 正常工作状态

大量形状各异的零部件的相互运动、刀具锋刃的切削、起吊重物、机械运转的噪声等，在机械正常工作状态下就存在着碰撞、切割、重物坠落、使环境恶化等对人身安全不利的危险因素。

2. 非正常工作状态

在机器运转过程中，由各种原因引起的意外状态。例如，意外启动、运动或速度变化失控，外界磁场干扰使信号失灵，瞬时大风造成起重机倾覆倒地等。机械的非正常工作状态往往没有先兆，会直接导致或轻或重的事故危害。

3. 故障状态

故障状态是指机械设备（系统）或零部件丧失了规定功能的状态。

故障对安全影响的两种结果：

有些故障的出现对所涉及的安全功能影响很小，不会出现大的危险。例如，当机器的动力源或某零部件发生故障时，机器停止运转，处于故障保护状态。

有些故障的出现，会导致某种危险状态。例如，由于电气开关故障，会产生不能停机的危险；砂轮轴的断裂，会导致砂轮飞甩的危险；速度或压力控制系统出现故障，会导致速度或压力失控的危险等。

4. 非工作状态

机器停止运转处于静止状态时，在正常情况下，机械基本是安全的；但不排除环境照度不够，导致人员与机械悬凸结构的碰撞；结构垮塌；室外机械在风力作用下的滑移或倾覆；堆放的易燃易爆原材料的燃烧爆炸等。

5. 检修保养状态

检修保养一般在停机状态下进行，但其作业的特殊性往往迫使检修人员采用一些超常规的做法。例如：攀高、钻坑、将安全装置短路、进入正常操作不允许进入的危险区等，使维护或修理容易出现在正常操作不存在的危险。

二、机械危险的主要伤害形式和机理

机械危险：是指由于机器零件、工具、工件或飞溅的固体、流体物质的机械作用可能产生伤害的各种物理因素的总称。

机械危险的基本形式主要有：挤压、剪切、切割或切断、缠绕、吸入或卷入、冲击、刺伤或扎穿、摩擦或磨损、高压流体喷射等。机械的危险可能来自机械自身、机械的作用对象、人对机器的操作，以及机械所在的场所等。

机械危险的伤害实质，是机械能（动能和势能）的非正常做功、流动或转化，导致对人员的接触性伤害。无论机械危险以什么形式存在，总是与质量、位置、不同运动形式、速度和力等物理量有关。

（一）机器零件（或工件）产生机械危险的条件

由机器零件（或工件）产生的机械危险是有条件的，主要由以下因素产生：①形状：切割要素、锐边、角形部分，即使它们是静止的也会有危险发生；②相对位置：机器零件运动时可能产生挤压、剪切、缠绕等区域的相对位置；③质量和稳定性：在重力的影响下可能运动的零部件的位能；④质量和速度：可控或不可控运动中的零部件的动能；⑤加速度；⑥机械强度不够：可能产生危险的断裂或破裂；⑦弹性元件（弹簧）的位能或在压力或真空下的液体或气体的位能。

（二）机械伤害的基本类型

①卷绕和绞缠；②卷入和碾压；③挤压、剪切和冲撞；④飞出物打击；⑤物体坠落打击；⑥切割和擦伤；⑦碰撞和剐蹭；⑧跌倒、坠落。

三、机械安全设计的要求

（一）合理设计机械设备的结构型式

机械设备的结构型式一定要与其执行的预定功能相适宜，不能由结构设计不合理而造成机械正常运行时的障碍、卡塞或松脱；不能因元件或软件的瑕疵而引起微机数据的丢失或死机；不能发生任何能够预计到的与机械设备的设计不合理的有关事件。通过选用适当的设计结构尽可能避免或减少危险。

从人的安全需要出发，针对防止危险导致的伤害而采用一些技术措施或增加配套设施。

（二）足够的抗破坏能力及环境适应能力

机械的各组成受力零部件及其连接，应满足完成预定最大载荷的足够强度、刚度和构件稳定性，在正常作业期间不应发生由于应力或工作循环次数产生断裂破碎或疲劳破坏、过度变形或垮塌；还必须考虑在此前提下机械设备的整体抗倾覆或防风抗滑的稳定性，特别是那些由于有预期载荷作用或自身质量分布不均的机械及那些可在轨道或路面行驶的机械，应保证在运输、运行、振动或有外力作用下不致发生倾覆，防止由于运行失控而产生不应有的位移。

机械设备必须对其使用环境（如温度、湿度、气压、风载、雨雪、振动、负载、静电、磁场和电场、辐射、粉尘、微生物、动物、腐蚀介质等）具有足够的适应能力，特别是抗腐蚀或空蚀，耐老化磨损，抗干扰的能力，不致由于电气元件产生绝缘破坏，使控制系统零部件临时或永久失效，或由物理性、化学性、生物性的影响而造成事故。

（三）尽可能使机器设备达到本质安全

①　在不影响预定使用功能的前提下，机械设备及其零部件应尽量避免设计成会引起损伤的锐边、尖角、粗糙的、凹凸不平的表面和较突出的部分。

②　利用安全距离防止人体触及危险部位或进入危险区。

③　在不影响使用功能的情况下，根据各类机械的不同特点，限制某些可能引起危险的物理量值来减小危险。

④　对预定在爆炸气氛中使用的机器，应采用全气动或全液压控制系统和操纵机构，或"本质安全"电气装置，也可采用电压低于"功能特低电压"的电源，以及在机器的液压装置中使用阻燃和无毒液体。

⑤　应采用对人无害的材料和物质。对不可避免的毒害物应在设计时考虑采取密闭、排放（或吸收）、隔离、净化等措施。在人员合理暴露的场所，其成分、浓度应低于产品安全卫生标准的规定，不得构成对人体健康的有害作用，也不得对环境造成污染。

⑥　机械产生的噪声、振动、过热和过低温度等指标，都必须控制在低于

产品安全标准中规定的允许指标，防止对人的心理及生理危害。

⑦ 有可燃气体、液体、蒸汽、粉尘或其他易燃易爆的机械生产设备，应在设计时考虑防止跑、冒、滴、漏，根据具体情况配置监测报警、防爆泄压装置及消防安全设施，避免或消除摩擦撞击、电火花和静电积聚等，防止由此造成的火灾或爆炸危险。

（四）符合安全人机工程学的要求

①合理分配人机功能；②适应人体特性；③友好的人机界面设计；④作业空间的布置；⑤可靠有效的安全防护。

只要存在危险，即使操作者受过良好的技术培训和安全教育，有完善的规程，也不能完全避免发生机械伤害事故的风险。

必须建立可靠的物质屏障，即在机械上配置一种或多种专门用于保护人的安全的防护装置、安全装置或采取其他安全措施。

当设备或操作的某些环节出现问题时，靠机械自身的各种安全技术措施避免事故的发生，保障人员和设备安全。

危险性大或事故率高的生产设备，必须在出厂时配备好安全防护装置。

（五）机械的可维修性及维修作业的安全

① 机械的可维修性。机器出现故障后，在规定的条件下，按规定程序或手段实施维修，可以保持或恢复其执行预定功能状态，这就是机器的可维修性。因此，在设计机器时，应尽量考虑将一些易损而需经常更换的零部件设计得便于拆装和更换。

② 维修作业的安全。在按规定程序实施维修时，应能保证人员的安全。由于维修作业是不同于正常操作的特殊作业，往往采用一些超常规的做法，如移开防护装置，或是使安全装置不起作用。为了避免或减少维修伤害事故，应在控制系统设置维修操作模式；从检查和维修角度，在结构设计上考虑内部零件的可接近性；必要时，应随设备提供专用检查、维修工具或装置；在较笨重的零部件上，还应考虑方便吊装的设计。

第三节　人机功能匹配（熟悉）

一、人的主要功能

（一）人的第一种功能——传感器

通过感觉器官（视觉、听觉、触觉等）接收信息，感知系统的作业情况和机器的状态。

（二）人的第二种功能——信息处理器

将接收的信息和已储存在大脑中的经验和知识信息进行比较分析后，作出决定，如作出继续、停止或改变操作的决定。

（三）人的第三种功能——操纵器

根据决定采取相应行动，如开关机器或增减其速度等。

二、机的主要功能

（一）接收信息
（二）储存信息
（三）处理信息
（四）执行功能

三、人机特性比较

在人机系统设计中，首先要按照科学的观点分析人和机器各自所具有的不同特点，以便研究人与机器的功能分配，从而扬长避短，各尽所长，充分发挥人与机器的各自优点；从设计开始就尽量防止产生人的不安全行动和机器的不安全状态，做到安全生产。

人和机各有其能力和长处，归纳起来各表现在四个方面：人的功能的限度是准确性、体力、速度和知觉能力；机器功能的限度是性能维持能力、正常动作、判断能力、造价及运营费用。

人与机的优缺点比较，如表 3.1 所示。

表 3.1　人与机的优缺点比较

项目	机器	人
速度	占优势	时间延时为 1s
逻辑推理	擅长于演绎而不易改变其演绎程序	擅长于归纳，容易改变其推理程序
计算	快且精确，但不善于修正误差	慢且易产生误差，但善于修正误差
可靠性	按照恰当设计制造的机器，在完成规定的作业中可靠性很高，而且保持恒定，不能处理意外的事态。在超负荷条件下可靠性降低	人脑可靠性远超过机械，但极度疲劳与紧急事态下很可能变成极不可靠，人的技术水平、经验以及生理和心理状况对可靠性很有影响，可处理意外紧急事态
连续性	能长期连续工作，适应单调专业，需要适当维护	容易疲劳，不能长时间连续工作，且受性别、年龄和健康状态等影响，不适应单调作业
灵活性	如果是专用机械，不经调整则不能改作其他用途	通过教育训练，可具有多方面的适应能力
输入灵敏度	具有某些超人的感觉，如有感觉电离辐射的能力	在较宽的能量范围内承受刺激因素，支配感受器适应刺激因素的变化，如眼睛能感受各种位置、运动和颜色，善于鉴别图像，能够从高噪声中分辨信号，易受（超过规定限度的）热、冷、噪声和振动的影响
智力	无（智能机例外）	能应对意外事件和不可能预测事件，并能采取预防措施
操纵处理能力	操纵力、速度精密度、操作量、操作范围等均优于人的能力。在处理液体、气体、粉体方面比人强，但对柔软物体的处理能力比人差	可进行各种控制，手具有非常大的自由度，能极巧妙地进行各种操纵。从视觉、听觉、变位和重量感觉上得到的信息可以完全反馈给控制器

四、人机功能分配

（一）人机功能分配的含义

对人和机的特性进行权衡分析，将系统的不同功能恰当地分配给人或机，称为人机的功能分配。

人与机器的结合形式，依复杂程度不同可分为：劳动者-工具；操作者-机器；监控者-自动化机器；监督者-智能机器等几种。

机器的自动化与智能化使操纵复杂程度提高因而对操纵者提出了严格要求。同时操纵者的功能限制也对机器设计提出特殊要求。

人机结合的原则改变了传统的只考虑机器设计的思想，提出了同时考虑人与机器两方面因素，即在机器设计的同时把人看成是有知觉有技术的控制机、能量转换机、信息处理机。

凡需要由感官指导的间歇操作，要留出足够间歇时间；机器设计中，要使操纵要求低于人的反应速度，这便是获得最佳效果的设计思想。

（二）人机功能分配的一般原则

人能完成并能胜过机器的工作：发觉微量的光和声，接受和组织声、光的形式，随机应变和应变程度，长时间大量储存信息并能回忆有关的情节，进行归纳推理和判断并形成概念和创造方法等。目前机器能完成并胜过人的工作：对控制信号迅速作出反应，平稳而准确地产生"巨大力量，做重复的和规律性的工作，短暂地储存信息然后废除这些信息，快速运算，同一时间执行多种不同的功能。

故将笨重的、快速的、精细的、规律性的、单调的、高阶运算的、支付大功率的、操作复杂的、环境条件恶劣的作业以及需要检测人不能识别的物理信号的作业，分配给机器承担。指令和程序的安排，图形的辨认或多种信息输入时，机器系统的监控、维修、设计、创造、故障处理及应对突发事件等工作，由人承担。

（三）人机功能匹配对人机系统的影响

过去，由于不明人与机的匹配关系特性，使机的设计与人的功能不适应而造成的失误很多，如作战飞机的高度计等仪表的设计与人的视觉不适应是造成飞机失事的主要原因在工作负荷过高的情况下，人往往出现应激反应（即生理紧张），导致重大事故的发生。

进行合理的人机功能分配，也就是使人机结合面布置得恰当，从安全人机工程学的观点出发，分析人机结合面失调导致工伤事故，进而采取改进对策。

（四）人机分工不合理的表现

可以由人很好执行的功能分配给机器而把设备能更有效地执行的功能分配给人，不能根据人执行功能的特点而找出人机之间最适宜的相互联系的途径与手段，让人承担超过其能力所能承担的负荷或速度。

（五）人机功能分配应注意问题

信息由机器的显示器传递到人，选择适宜的信息通道，避免信息通道过载而失误，以及显示器的设计应符合安全人机工程的原则。信息从人的运动器官传递给机器，应考虑人的权限能力和操作范围，控制器设计要安全、高效、可靠、灵敏。

充分适用人和机的各自优势。使人机结合面的信息通道数和传递频率不超过人的能力，以及机适合大多数人的应用。

一定要考虑到机器发生故障的可能性，以及简单排除故障的方法和使用的工具。要考虑到小概率事件的处理，对系统无明显影响的偶发性事件可以不考虑，但一旦发生就会造成功能破坏的事件，就要事先安排监督和控制方法。

第四节　选择适合的汽车交通特大事故进行分析（拓展内容，案例分析）

教学方法
讲授教学课件+课堂讨论+学生讲课+案例分析
课堂讨论与练习
① 举例说明人机功能分配不当造成的危害。
② 何谓"人机功能分配"？为何要对人与机进行功能分配？
作业安排及课后反思
① 何为开环与闭环人机系统？
② 举例说明机械设备的危险部位。
③ 常见的机械事故有哪些？

④ 机械设备的本质安全从哪些方面着手？

⑤ 机械设计需要考虑哪些安全人机工程学要求？

⑥ 人、机各有哪些优势和劣势？如何合理分配其功能？

⑦ 人机功能分配的原则是什么？

⑧ 举例说明人与机的不同特点。

3.9 教学单元九——人机系统的安全设计与评价（上）

授课过程

课程名称	安全人机工程	章节名称	人机系统的安全设计与评价	学时	2
教学日期	第 10 周				

教学目标

① 了解人机系统安全设计原则、内容和步骤。

② 理解人机界面设计原则。

③ 深刻理解显示器和控制器设计的具体内容和理念。

④ 掌握显示器和控制器的配置设计原则及内涵。

⑤ 深刻理解可维修性设计的要点。

主要内容

① 人机系统安全设计原则、内容、步骤。

② 人机界面设计原则。

③ 显示器设计。

④ 控制器设计。

⑤ 可维修性设计。

自学：人机系统安全设计原则、内容、步骤。

拓展：事故案例分析。

重点：人机系统安全设计原则、内容、步骤，显示器设计的基本原则、控制器的分类、控制器的空间布局。

难点：人机系统安全设计的内容以及步骤、显示器和控制器的配置设计。

教学过程

第一节 概述（了解）

一、人机系统安全设计原则

（一）以人为本的设计原则

（二）安全思想贯穿于全过程的原则

二、人机系统安全设计内容

（一）人机系统或设备的人机交互设计

（二）作业环境设计

（三）作业过程中的安全设计

三、人机系统安全设计步骤

（一）人机系统设计步骤

1．前期调研

2．初步设计

① 功能分配

② 作业程序设计

③ 信息交互方式设计

（二）人机系统安全设计

1．人机界面设计

2．作业环境设计

3．安全措施设计

4．安全使用设计

（三）人机系统设计评价内容

1．人机界面设计的合理性

2．人的操作行为特性对系统的影响

3．人机系统或设备的危区防护设计的有效性

4．作业环境的适宜性

5．认知负荷评价

（四）人机系统评价方法

1．虚拟仿真评估

2．模拟实验评估

3. 真实环境评估

第二节　人机界面的安全设计（熟悉）

一、人机界面设计原则

（一）满足信息交互功能需求的原则

（二）一致性原则

（三）简洁性原则

（四）适当性原则

（五）结构性原则

二、显示器的设计

（一）显示器的性能要求

用简单明了的方式传达信息，使传递信息的形式尽量能直接表达信息的内容，以减少译码的错误。

显示精度要适当，保证最少的认读时间，避免因精度超过需要，反而使阅读困难和误差增大。

显示形式要符合操作者的习惯及操作能力极限，易于了解，避免换算，减少训练时间，减少受习惯干扰造成解释不一致的差错。

根据作业条件（如照明、速度、振动、操作者的位置、运动的约束等），运用最有效的显示技术和显示方法，要使显示变化速度与操作者的反应能力相适应，不要让显示速度超过人的反应速度。

（二）显示器设计的基本原则

①明显度高；②可见度高；③可读性好；④阐明力强；⑤简单明了；⑥确保安全；⑦使视力有缺陷者（如视弱、色弱者）也不会误认；⑧显示器的显示方式和操作者的思维过程应当和谐一致。

（三）视觉显示器的设计

视觉显示方式主要有数字显示和模拟显示两类：

数字显示中有机械式，数码管式液晶式和屏幕式等。它直接用数码来显示有关参数和工作状态。

模拟显示最常用的有刻度盘指针式和灯光显示式。它是用模拟量来显示机器有关参数和状态。手表表盘就是一个典型的模拟显示。

1．指针式仪表的设计

依刻度盘的形状，指针显示器可分为圆形、弧形和直线形。

设计指针式仪表时应考虑安全人机工程学的问题：

①指针式仪表的大小与观察距离比例是否适当；②刻度盘的形状与大小是否合理；③刻度盘的刻度划分、数字和字母的形状、大小以及刻度盘色彩对比是否便于监控者迅速而准确地识读；④根据监控者所处的位置，指针式仪表是否布置在最佳视区范围内。

2．刻度盘的形状

刻度盘的形状主要取决于仪表的功能和人的视觉运动规律。以数量识读仪表为例，其指针值必须能使识读者精确、迅速地识读。实验研究表明，不同形式刻度盘的误读率亦不同。

3．刻度盘的大小

刻度盘的大小取决于盘上标记的数量和观察距离。以圆形刻度盘为例，当盘上标记数量多时，为了提高清晰度，须相应增大刻度盘。但是，这必将增加眼睛的扫描路线和仪表占用面积。而缩小刻度盘又会使标记密集而不清晰。

刻度盘的最佳直径与监控者的视角有关。实验证明，最佳视角为 2.5°～5°。因此，由最佳直径和最佳视角便可确定最佳视距，或已知视距和最佳视角便可推算出仪表刻度盘的最佳直径。

4．刻度与刻度线设计

① 刻度的大小

刻度盘上最小刻度线间的距离称为刻度。刻度的大小可根据人眼的最小分辨能力和刻度盘的材料性质及视距而确定。人眼直接读识刻度时，刻度的最小尺寸不应小于 0.6～1mm。当刻度小于 1mm 时，误读率急剧增加。因此，刻度的最小尺寸一般在 1～2.5mm 之间选取,必要时也可采用 4～8mm。采用放大镜读数时，刻度的大小一般取 $1/X$mm（X 为放大镜放大倍数）。刻度线的最小值还受所用材料的限制，钢和铝的最小刻度为 1mm；黄铜和锌白铜为 0.5mm。

② 刻度的类型

常见的刻度类型有单刻度线、双刻度线和递增式刻度线。递增式刻度线的形象特征可以减少识读误差。

③ 刻度线的宽度即刻度线的粗细

刻度线的宽度取决于刻度的大小，当刻度线宽度为刻度的 10%左右时，读数的误差最小。因此，刻度线宽度一般取刻度的 5%～15%，普通刻度线通常取 0.1mm±0.02mm；远距离观察时，可取 0.6～0.8mm，精度高的测量刻度线取 0.0015～0.1mm。

④ 刻度线长度

刻度线长度选择合适与否，对识读准确性影响很大。刻度线长度受照明条件和视距的限制。当视距为 L 时，刻度线最小长度为：长刻度线长度=$L/90$，中刻度线长度=$L/125$，短刻度线长度=$L/200$，刻度线间距=$L/600$。

⑤ 刻度方向

刻度盘上刻度值的递增顺序称为刻度方向。刻度方向必须遵循视觉规律，水平直线型应从左至右；竖直直线型应从下到上；圆形刻度应按顺时针方向排列刻度值。

⑥ 数字累进法

一个刻度所代表的被测值称为单位值。每一刻度线上所标度的数字的累进方法对提高判读效率、减少误读也有非常重要的作用。

⑦ 刻度设计注意事项

a．不要以点代替刻度线；

b．刻度线的基线用细实线为好，粗线不利于识读；

c．刻度线不可很长而且很挤；

d．不要设计成间距不均匀的刻度。

5．字符设计

① 字符的形体

② 字符的大小

③ 标度数字的原则

指针运动盘面固定的仪表标度的数字应直排（正立位）；盘面运动指针固定的仪表标度的数字应辐射定向安排；最小刻度可不标度数字，最大刻度必须标度数字。

指针在仪表面内时，如果仪表盘面空间足够大，则数字应在刻度的外侧，以避免被指针挡住；指针在仪表外侧时，数字应标在刻度的内侧。

开窗式仪表的窗口应能显示出被指出的数字及上下相邻的两个数字，标数应顺时针辐射定向安排。为了不干扰对显示信息的识读，刻度盘上除了刻度线和必要的字符外，一般不加任何附加装饰；一些说明仪表使用环境、精度的字符应安排在不显眼的地方。

6. 指针设计

指针设计的人机工程学问题，主要从下列几方面考虑：形状、宽度、长度、颜色、零点位置、色彩匹配。

指针的宽度——指针针尖宽度应与最短刻度线等宽，但不应大于两刻度线间的距离。指针不应接触刻度盘面，但要尽量贴近盘面。精度要求很高的仪表，其指针和刻度面应装配在同一平面内。

指针的长度——指针的针尖不要覆盖刻度，一般要离开刻度记号 1.6mm 左右，圆形刻度盘的指针长度不要超过它的半径，需要超过半径时，其超过部分的颜色应与盘面的颜色相同。

指针的颜色——指针的颜色与刻度盘的颜色应有较鲜明的对比，但指针与刻度线的颜色和字符的颜色应该相同。

7. 数字显示器的设计

数字显示是直接用数字和字符等显示参数或状态的仪表，除了少量机械式数字显示器外，显示器几乎全是电子显示器，其基本形式有两种：一种是以显示数字为主并有少量字符的显示器，多数为开窗式，如液晶显示器、数码管显示器等；一种是以显示参数、表格、模拟曲线或图形，以及数量较多的各种字符为主的显示器，多数为屏幕式，如各种监视器、计算机显示器等。

电子显示的主要问题有两个：一是因字型由直线段组成，因而失去常态的曲线，带来认读的不方便；二是各字间隔会因字的不同而变化，忽大忽小。

实验表明，由亮小圆点阵来构造字符，认读性好，混淆的可能性大为减小。

8. 数字式显示的优点

使用数字式显示不但认读快，而且误读率低，格雷瑟在 1949 年用八个指针式仪表和一个数字显示仪表，作为飞机高度计，显示飞机不同的高度。对受过训练的飞行员和大学生进行认读实验。发现飞机上原来采用的三针式高度计误读率最高并且认读时间最长。

（四）信号灯设计

信号灯设计的原则：①清晰、醒目和必要的视距；②合乎使用目的。

（五）符号标记设计

符号标记的评价标准为：识别性、注目性、视认性、可读性、联想性。路标的具体评价依次是：标记的识别距离，文字的识认距离，认读时间，判断时间，动作时间，这是为了防止色盲、色弱、色觉异常者（多为红绿色盲）对交通信号的误认，当所要显示的信息内容较复杂时，往往单个信号灯难以胜任，在此情况下，可采用多个信号灯的复合显示来实现。

现代汽车尾灯的设计就采用了颜色编码。汽车的尾灯是给后方汽车驾驶员指示前方车辆行驶情况的，对避免前后相撞有重要意义，其复合灯光指示：有车、刹车、转弯等。白灯用于夜间行驶时倒车用。

（六）听觉显示器的设计

1. 音响及报警装置的设计

① 蜂鸣器：常配合信号灯一起使用，作为提示性听觉显示装置，提示操作者注意，或提示操作者去完成某种操作，也可用于指示某种操作正在进行。

② 铃铃：因其用途不同，其声压级和频率也有较大差别。用作指示上下班的铃声和报警器的铃声，其声压和频率就较高，因而可用于具有较高强度噪声的环境中。

③ 角笛和汽笛：角笛常用作高噪声环境中的报警装置；汽笛较适合于紧急状态的音响报警装置。

④ 警报器：主要用作危急状态报警，如防空、救火报警等。

2. 音响和报警装置的设计原则

① 音响信号必须保证使位于信号接收范围内的人员能够识别并按照规定的方式作出反应。因此，音响信号的声级必须超过听阈，最好能在一个或多个频率范围内超过听阈 10 dB。

② 音响信号必须易于识别，特别是有噪声干扰时，音响信号必须能够明显地听到并可与其他噪声和信号区别。因此，音响和报警装置的频率选择应在

噪声掩蔽效应最小的范围内。例如，报警信号的频率应在 500～600Hz 之间。其最高倍频带声级的中心频率同干扰声中心频率的区别越大，该报警信号就越容易识别。当噪声声级超过 110dB 时，最好不用声信号来作报警信号。

③ 为引起人注意，可采用时间上均匀变化的脉冲声信号，其脉冲声信号频率不低于 0.2Hz 和不高于 5Hz，其脉冲持续时间和脉冲重复频率不能与随时间周期性起伏的干扰声脉冲的持续时间和脉冲重复频率重合。

④ 报警装置最好采用变频的方式，使音调有上升和下降的变化，例如紧急信号，其音频应在 1s 内由最高频（1200Hz）降低到最低频（500Hz），然后听不见，再突然上升，以便再次从最高频降低到最低频。这种变频声可使信号变得特别刺耳，可明显地与环境噪声和其他声信号相区别。

⑤ 显示重要信号的音响装置和报警装置，最好与光信号同时作用，组成"视听"双重报警信号，以防信号遗漏。

（七）语言传示装置的设计

① 语言的清晰度：语言清晰度（室内）与主观感觉的关系。设计一个语言传示装置，其语言的清晰度必须在 75% 以上，才能正确传示信息。

② 语言的强度：语言传示装置的语言强度最好在 60～80dB 之间。

③ 噪声对语言传示的影响：当噪声声压级大于 40dB 时，这时噪声对语言信号有掩蔽作用，从而影响语言传示的效果。

三、仪表盘总体布局设计

（一）仪表盘的识读特点与最佳识读区

以视中心线为基准，在其上下各 15° 的区域内误读概率最小，视角增大差错率增高。

当视距为 800mm 时，若眼球不动，水平视野 20° 范围为最佳识读范围，其正确识读时间为 1s。当水平视野超过 24° 以外范围的仪表时，需通过头部区域，然后再观察右部区域，所以 24° 角以外区域的左半部正确识读时间比右半部正确识读时间短。

视线与盘面垂直，可以减少视觉误差。当人坐在控制台前时，头部一般略向前倾，所以仪表盘面应相应后仰 15°～30°，以保证视线与盘面垂直。

（二）仪表盘的总体设计

为了保证工作效率和减少疲劳，一目了然地看清全部仪表，一般可根据仪表盘的数量选择一字形、弧形、弯折形布置形式。

一字形布置的结构简单，安装方便，是目前控制室仪表盘的较少的小型控制室。弧形布置的结构比较复杂，它既可以是整体弧形，也可以是组合弧形。这种弧形结构改善了视距变化较大的缺点，常用于 10 块盘以上的中型控制室，弯折式布置由多个一字形构成，其结构比弧形式简单，又使视距变化较大的缺点得到克服。因此，该种布置形式常用于大中型控制室。

（三）仪表盘的垂直立面布置

仪表盘的垂直立面布置，如图 3.18 所示。

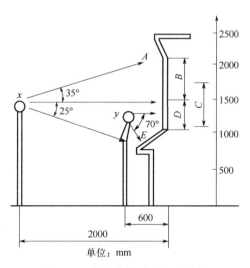

图 3.18　仪表盘的垂直立面布置

第三节　控制器的设计（了解）

控制器是操作者用以控制机器运行状态的装置或部件，是联系人和机的重要部件之一，生产中的许多事故是由控制器的设计未能充分考虑人的因素所致。

1947 年，费茨（P. M. Fitts）和琼斯（R. E. Jones）在分析飞行驾驶中出现的 460 个操作失误中，发现其中 68%的错误是由控制器设计不当引起的。这足以说明控制器设计的重要性。

一、控制器设计

（一）控制器的类型

按操纵的动力装置分，有三类：
① 手控装置：如按钮、开关、旋钮、曲柄、杠杆及手轮。
② 脚控装置：如脚踏板、脚踏钮、膝控制器等。
③ 其他：如声控、光控。

按控制器的功能分，有四类：
① 开关控制器：用于简单的开或关，启动或停止的操纵控制。常用的有按钮、踏板、柄等。
② 转换控制装置：用于系统当中不同状态之间的转换操纵控制。如手柄、选择开关、转换开关、操纵盘。
③ 调整控制装置：用于调整系统中工作参数定量增加或减少的操纵控制。如旋钮、手轮、操纵盘等。
④ 紧急停车控制装置：用于紧急状态下启动或停止的操纵控制。如制动闸、操纵杆、手柄。

（二）控制器设计的一般原则

控制器设计的一般要求：控制器设计要适应人体运动的特征，考虑操作者的人体尺寸和体力。控制器操纵方向应与预期的功能方向和机器设备的被控制方向一致。控制器要利于辨认和记忆。尽量利用控制器的结构特点进行控制（如弹簧等）或借助操作者体位的重力（脚踏开关）进行控制。尽量设计多功能控制器，并把显示器与之有机结合，如带指示灯按钮等。

设计控制器时应考虑的因素：

1. 控制信息的反馈

来自人体自身反馈信息的部位：眼睛观察手脚的位移；手、臂、肩或脚、腿、臀感受的位移或压力信息。

来自机反馈的信息：仪表显示、音响显示、振动变化及操纵阻力四种形式。

光显示。即在控制器上装有灯光显示，将按钮做成透明体，内设小灯，当按钮到位时，按钮即发光。这样不仅可以表明操作控制器的到位，还可以显示按钮的位置状态，提示操作者注意。还可以在控制按钮以外的相应位置上用不同色光的联动装置来表示操作控制器到位的情况。

振动变化。可以反映在控制器上，也可反映在体觉上（如机动车辆）。振动也常常转化为噪声的形式传递给操作者。

音响显示。在控制器上设置到位音响装置（如"咔嗒"声），这种音响常由控制器定位机构中自动发出也可以装设专门的联动音响装置。

操纵阻力主要有静摩擦力、弹性力、黏滞力、惯性力四种形式。阻力大小与控制器的类型、位置、移动的距离、操作频率、力的方向等有关。

2．控制器的运动

控制器的主要目的是控制系统的变化，因此，应尽量使控制器的操作方向与系统过程的变化方向相一致，这样可以使控制器的操作形象化，又可使控制器的操作和系统的变化之间产生一定的逻辑关系，有利于操作人员记忆和辨认，提高操作效率。

3．控制器上手或脚的使用部位的尺寸和结构

手或脚操作的控制器尺寸，首先取决于控制器上手或脚使用部位的尺寸，其次需根据操作时是否戴手套，或作业时鞋的形式来决定尺寸。显然对不同的控制器，由于压或握的用力方式不同，操纵件尺寸和形状也不同。手或脚使用的部位还决定于控制器的重量分配。必须在保证空位时操纵者可以离开控制器自由活动，工作位时，不会因负担控制器的重量而引起疲劳。如果是手用工具，又不是利用重力工作的，就应尽量使工作的重心落在手握的部位上，以免手腕肌肉承担较大的静力负荷而引起疲劳。

握把部位不宜太光滑或太粗糙，若过于光滑，操纵时不易抓稳或握住，特别是手上有油或水的情况下更加不利，易发生失手事故，或因长时间过大的静力负荷而使手疲劳，故一般选用无光泽的软纹皮包层为宜。

手柄的形状应尽量使手腕保持自然状态，使手与小臂处于一条直线上，如果手腕向某一方向弯曲，就会使骨骼肌产生静力疲劳。因此设计原则是"宁肯弯曲手柄也不要使手臂弯曲"。对手动工具也是这样，更需要使握力充分发挥

出来。影响握力的主要因素是手柄直径,手柄直径为 50mm 时欧洲人握力最大,对亚洲人而言手柄直径可取 40~50mm 之间。

由于脚对动作和压力的敏感度均较低,因此,脚用按钮或踏板应有足够大的行程,以减小误踏时产生错误动作的可能。脚用按钮还应有足够大的接触平面,以便于寻找和踩稳。脚踏板应有增加摩擦力的网纹。

将控制器进行合理编码,使每个控制器都有自己的特征,以便于操作者确认无误,是减少差错的有效措施之一。控制器编码一般有 6 种方式:形状、位置、大小、操作方法、色彩和文字符号编码。可根据需要,采用一种或几种方式的编码组合。

(1)形状编码

不同形状的编码如图 3.19 所示。

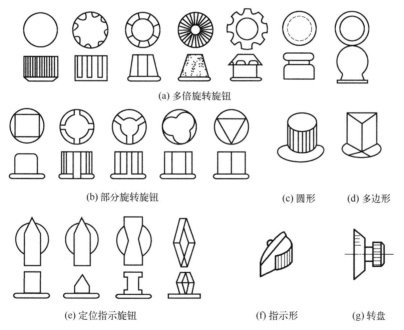

(a) 多倍旋转旋钮

(b) 部分旋转旋钮

(c) 圆形   (d) 多边形

(e) 定位指示旋钮

(f) 指示形

(g) 转盘

图 3.19 不同形状的编码

(2)大小编码

以相同形状而不同大小来区别控制器的功能和用途,这种形式的编码应用范围较小,通常在同一系统中只能设计大、中、小三种规格。由于大小编码的视觉和触觉感知度小,常与其他形式编码一起使用。

（3）位置编码

在人机操纵系统中，利用控制器相对于人的不同位置进行编码。汽车上的离合器、制动器和加速器的踏板，就是以位置编码的。通常，位置编码的控制器数量不多，并须与人的操作顺序和操作习惯相一致，这样可以使人不用眼看，就可以正确地进行操作。

（4）操作方法编码

根据特定控制器的不同操作进行编码。为了有效地使用编码，应当使控制器在动作方向、变化量、阻力等方面有明显区别。

（5）色彩编码

利用不同颜色来区别控制器的功能。色彩编码一般不单独使用，常与形状编码、大小编码等合并使用。由于色彩只能靠视觉辨认，有时也配以不同的色光照明，以增加视认度。同时色彩编码的色相种类不宜过多，颜色过多，会降低对控制器的视认度。

（6）文字、符号编码

用文字或符号来区分控制器称为符号编码或标号编码。此种编码一目了然，操作者不需特殊训练，但文字写得好坏对工作效率有决定性影响。

（三）控制器的设计

手动控制器设计，手的操作功能有数十种之多。影响眼-脑-手之间配合的因素也十分复杂，既有生理因素，也有心理因素。因此，如何顺利地设置功能，设计出的高效、可靠的拉制器，是安全人机工程中一项极为重要的课题。手动拉制器设计不仅涉及人体测量学与人体生物力学两方面因素，而且要考虑习惯、风俗等民族特点以及技术审美要求等，是一种较为细致的工作。本部分重点是从人体尺寸及力学性能两方面进行研究。

二、拓展内容——方向盘的设计

方向盘要用于机动车辆的转向。方向盘设计中的主要问题有：方向盘平面间的夹角 a、方向盘的直径 D 和方向盘的构造三个问题，夹角的大小取决于不同车型驾驶员的位置，直径的大小取决于司机施力的舒适性限度。

脚动控制器的设计

1．脚动控制器的形式

脚动控制器的形式如图 3.20 所示。

摆动式　　　　双曲柄式　　　　单曲柄式　　　　直动式

图 3.20　脚动控制器的形式

2．脚动控制器的适宜用力

一般的脚动控制器都采用坐姿操作，只有少数操纵力较小（小于 50N）才允许采用站姿操作。在坐姿下脚的操纵力远大于手。脚蹬（或脚踏板）采用 14N/cm^2 的阻力为好。当脚蹬用力小于 227N 时，腿的屈折角应以 107°为宜。当脚蹬用力大于 227N 时，腿的屈折角应以 130°为宜。用脚的前端进行操纵时，脚踏板上允许的用力不超过 60N，用脚和腿同时操作时可达 1200N，对于需要快速动作的脚踏板，用力应减少到 20N。操纵过程中，脚往往都是放在脚动控制器上的，为防止脚动控制器被无意碰移或误操作，脚动控制器应有一个起动阻力，它至少应超过脚休息时脚动控制器的承受力。

3．脚动控制器的设计

调节踏板：调节踏板有以鞋跟为转轴的和脚悬空的两种。以鞋跟为转轴的踏板典型例子如汽车的油门踏板等，踏板下的舒适角不大于 20°，一般控制在 15°左右，每脚与人的中线叉开 10°～15°为宜。

踏板开关设计：脚踏开关多用于定位操纵，要很好地安排它的位置，使操作者在不影响稳定性的情况下即能使用，还要避免发生误踏的危险。给出了踏板开关的形状和尺寸，踏板的转角不宜超过 10°，转角太大需将脚抬离地面才能操作，操作者单脚承重，很不安全。如果要求双脚均能踏动，或操纵者连续不断改换位置时也能踏动，最好采用踏动标杆，踏动标杆距地面不应超过 15cm，伸长长度不要大于 15cm。

三、控制器的选择

机器设备的不同运行状态决定了控制器的功能。如系统工作状态为启闭，则选择按钮开关就比较方便；系统的定量调节，宜选用旋钮和手轮的形式；计算机的数据输入则必须使用键盘等等。

四、可维修性设计

（一）维修性与可维修性设计

1．维修性

在规定的时间、条件、程序和方法等约束下完成维修的能力称为维修性。所谓"规定的条件"，主要是指维修的机构和场所以及相应的资料条件（包括维修人员、设施、设备技术资料等）。所谓"规定的程序和方法"，是指按规程规定的维修工作类型、步骤和方法等。而"维修"作为维修与检修的统称，则是为保持、恢复或改善设施或设备的规定技术状态而进行的全部活动。

2．可维修性设计

可维修性设计就是在产品（包括系统、设施或设备）设计中除了满足其他设计要求外，还要使设施或设备具有实现"安全、及时、快速、有效、经济"的维修能力。其任务是一旦设施或设备发生故障，要保证能安全地尽快修理好，甚至能在未出故障前就已经采取措施来消除故障产生的条件。从安全人机工程学的角度考虑维修性设计，从"便利于人维修"和"安全地维修"出发来进行设计，这就是可维修性设计的主要要求，它使维修工作系统中"人-机-环境系统"整体协调，以有利于提高人的维修工作绩效、减少维修差错、实现维修安全。

（二）可维修性设计的一般指导原则

①确保维修安全；②尽可能简化以减轻维修人员负担；③改善维修和检测时的可达性；④尽量采用模块化；⑤尽量实行标准化和通用化；⑥增强易识别性和防错容错能力；⑦尽可能采用有效的综合诊断手段。

第四节　选择适合的案例进行分析（拓展内容）

教学方法
讲授教学课件+课堂讨论+学生讲课+案例分析
课堂讨论与练习
① 人机系统安全设计的重点是什么？
② 怎样对仪表盘进行总体布局设计？
作业安排及课后反思
① 人机系统的安全设计主要包括哪些内容？进行安全设计应遵循哪些原则？
② 简述数字式显示和指针式模拟显示各有哪些优点？
③ 为什么开窗形仪表优于垂直直线形仪表？
④ 在设计语言传示装置时应注意哪些问题？

3.10　教学单元十——人机系统的安全设计与评价（中）

授课过程

课程名称	安全人机工程	章节名称	人机系统的安全设计与评价（中）	学时	2
教学日期			第 11 周		

教学目标

① 深刻理解可维修性设计的要点。

② 深刻理解温度、光环境、色彩环境、尘毒作业环境、噪声与振动环境、异常气压环境、辐射环境的分类、标准等基础知识。

主要内容

①温度环境；②光环境；③色彩环境；④噪声与震动环境；⑤异常气压环境；⑥辐射环境。

拓展内容：重大事故分析。

重点：温度环境、光环境、色彩环境等的定义，机器设备和工作面的色彩调节，尘、毒作业环境对人体的影响，辐射环境的危害。

难点：色彩设计的方法与步骤，尘、毒作业危害的防治。

教学过程

第一节　作业环境设计(了解)

一、温度环境

（一）工厂车间内作业企业的空气温度和湿度标准

课后可自行查阅了解。

（二）高温环境

生产过程中，工作地点平均温度指数大于或等于 25℃的作业环境。

1. 高温作业危害

高温作业时人体可出现一系列生理性改变，主要为体温调节水盐代谢、循环系统、消化系统、神经系统、泌尿系统等方面的改变。其表现为：脉搏加快，体温升高，头晕、头痛，恶心，极度疲劳等症状。中暑是高温环境下发生的急性疾病，按发病机理可分为热射病、日射病、热衰竭、热痉挛。根据症状将中暑分为先兆中暑、轻症中暑和重症中暑。

2．高温作业环境的设计

（1）遵循国家标准的要求

为加强对高温作业的管理，国家颁布了《工作场所职业病危害作业分级　第3部分：高温》（GBZ/T 229.3—2010）。该标准按照工作地点 WBCT 指数和接触高温作业的时间将高温作业分为四级，级别越高，热强度越大。凡工作地点定向辐射热强度平均值等于或大于 $2kW/m^2$ 的高温作业，应在本标准的基础上相应提高一个等级，但最高不超过Ⅳ级。高温作业分级表明，分级越高，发生热相关疾病的危险度越高。应该根据不同等级的高温作业进行不同的卫生学监督和管理。

（2）合理设计高温作业环境

从生产工艺和技术、保健措施、生产组织等几个方面入手，合理设计高温作业环境。

（3）生产工艺和技术方面

①合理设计生产工艺过程；②热源屏蔽；③降低温度；④增加气流速度。

（4）保健措施方面

①合理提供饮料和补充营养；②进行职业适应性检查。

（三）低温环境

1．低温环境对人体的影响

2．低温作业环境设计考虑因素

（1）按照相关标准设计

（2）提高作业负荷

（3）个体保护

（4）采用热辐射取暖

二、光环境

（一）照度标准

课后可自行查阅了解。

（二）照明设计

（1）照明方式
（2）光源选择
（3）避免眩光

防止眩光采用如下措施①限制光源亮度；②合理分布光源；③改变光源或工作面的位置；④合理的照度。

（4）照度均匀度
（5）亮度分布
（6）照明的稳定性

三、色彩环境

（一）色彩设计

色彩设计分类：①环境色彩；②物品配色；③标志管理用色。

（二）色彩调节及应用

1. 工作房间的色彩调节

配色取决于工作特点，一般要考虑色彩的含义、色彩对人们生理和心理的影响及工作环境的需要。配色尽可能不要色调单一，否则会加速视觉疲劳。配色亮度不要太高和相差悬殊，因视觉适应促使视觉疲劳，配色饱和度不要太高，不然较强的刺激会分散注意力，而且容易加速视觉疲劳。

2. 机器设备和工作面的色彩调节

工作面的涂色，明度不宜过大，反射率不宜过高，选用恰当的色彩对比，可以适当提高对细小零件的分辨力。但色彩对比不可过大，否则会直接造成视觉疲劳提早出现。

3．安全标志色彩应用

相关标准规定了传递安全信息的颜色，目的是使人们能够迅速发现或分辨安全标志并提醒人们注意，以防事故发生。安全色是指表达安全信息含义的颜色。现行标准中规定红、蓝、黄、绿4种颜色为安全色。

四、尘、毒作业环境

（一）尘、毒作业环境对人体的影响

肺尘埃沉着病：肺尘埃沉着病是指在生产劳动过程中吸入呼吸性粉尘引起的肺组织纤维化为主的疾病。根据吸入粉尘的量、性质和形态的不同，无机粉尘引起的肺部疾病有两大类，一类由于粉尘在肺部堆积称为粉尘沉着症。另一类由致纤维化粉尘（如石英）所致肺部弥漫性纤维化。纤维化程度与粉尘中游离二氧化硅含量有关，当含量大于70%时可引起肺尘埃沉着病；小于10%可引起其他肺尘埃沉着病，如煤肺；10%～70%以混合型形式出现。如煤工肺尘埃沉着病、石墨肺尘埃沉着病、炭黑肺尘埃沉着病、石棉肺、滑石肺、水泥肺、云母肺、陶土肺尘埃沉着病、铝肺尘埃沉着病、电焊混合肺尘埃沉着病、铸工肺尘埃沉着病等职业病。肺尘埃沉着病的发病一般比较缓慢，多在接尘15～20年以上，也有个别发病迅速，接尘1～2年就发生肺尘埃沉着病。肺尘埃沉着病的发生和发病与从事接尘作业的工龄、粉尘中游离二氧化硅含量及类型、生产场所粉尘浓度、粉尘的特性、防护措施以及个体条件等有关。

局部作用：粉尘作用于呼吸道黏膜可导致萎缩性病变；可形成咽炎、喉炎、气管炎等，作用于皮肤可形成粉刺、毛囊炎、脓皮病等，金属和磨料粉尘可引起角膜损伤导致角膜感觉迟钝和角膜溃疡；沥青烟尘在日光照射下可引起光感性皮炎。

中毒作用：吸入铅、砷、锰等有毒粉尘，能引起中毒现象。

（二）尘、毒作业环境的卫生标准

课后可自行查阅了解。

（三）尘、毒作业危害的防治

1．空气污染的防治

① 对空气污染的防治选择无硫或低硫燃料或采取预处理法去硫。改善燃

料方法，使燃料充分燃烧，减少一氧化碳和氮氧化合物。

② 排烟净化。从排烟中除去 SiO_2，和 NO_x。

③ 控制交通废气。改进发动机的燃烧设计，采取废气过滤等措施。

④ 减少毒源。尽量采用低毒或无毒的原材料。

⑤ 降低作业场所毒物浓度，如加强通风、实行湿式凿岩等。

⑥ 实现设备、管道或加工环节的密闭化，防止跑、冒、滴、漏，使毒源与操作者隔开。

⑦ 改革工艺，使生产过程机械化、自动化。

⑧ 对于废气、废水、废渣的排放要先行处理或回收，最好能综合利用，变废为宝。

⑨ 加强个体防护。如佩戴防毒面具、胶靴、手套、防护眼镜、耳塞、工作帽，或在皮肤暴露部位涂以防护油膏。

⑩ 包装及容器要有一定强度，经得起运输过程中正常的冲撞、震动、挤压和摩擦，以防毒物外泄，封口要严且不易松脱。

⑪ 厂房要合理布局，加强绿化。

2. 防尘途径

上面介绍的改进工艺、加强通风、密封操作、水式作业等都是防尘的有效方法。此外，还可设置高效除尘、除毒装置以及实行遥控操作。

五、噪声与振动环境

(一)噪声环境

1. 噪声对人体的影响

噪声是各种不同频率和不同振幅的声音无规律的杂乱组合，波形呈无规则变化，听起来使人厌烦的声，随着工业的发展，噪声对人体的危害日趋严重。人们在强噪声环境中暴露一段时间，引起听力下降，离开噪声环境后，听力可以恢复，称为听觉疲劳。在强噪声环境中如不采取保护措施，听觉疲劳继续发展，可导致听力下降或永久听力损伤。噪声除影响听觉系统外，还影响神经系统、心血管系统、消化系统、内分泌及免疫系统等，造成植物性神经系统功能紊乱、血压不稳、肠胃功能紊乱等。

2．噪声设计标准

课后自行查阅。

3．噪声的控制

（1）控制声源

（2）控制噪声的传播

（3）加强个体防护

（二）振动环境

1．振动及其危害

振动会对人体的多种器官造成损伤和危害，从而导致长期接触的人患多种疾病，尤其是手持风动工具和传动工具的工人，生产性振动对他们健康的影响十分突出。

振动对人体的危害分为局部振动危害和全身振动危害，作用在人体的某些个别部位并且只传递到人体某个局部的机械振动称为局部振动。如果只通过手传到人的手臂和肩部，这种振动称为手传振动。通过人体表面传递到整个人体上的机械振动称作全身振动。比如，振动通过立姿人的脚，坐姿人的臀部和斜躺人的支撑面而传到人体导致全身振动。强烈的机械振动能造成骨骼肌肉关节和韧带的损伤，当振动频率和人体内脏的固有频率接近时，还会造成内脏损伤。足部长期接触振动时，有时即使振动强度不是很大，也可能造成脚痛、麻木或过敏、小腿和脚部肌肉有触痛感、足背动脉搏动减弱、趾甲床毛细血管痉挛等。局部振动对人体的影响是全身性的，末梢机能障碍中最典型的症状是振动性白指的出现。振动性白指的特点是发作性的手指发白。变白部分一般人指尖向近端发展，进而波及手指甚至全手，也称"白蜡病""死手"。因为振动具有一次性的特点，所以有时医生检查不易被发觉。局部振动还可能造成手部的骨骼、关节、肌肉、韧带不同程度的损伤。振动不但影响工作环境中劳动者的身心健康，还会使他们的视觉受到干扰，手的动作受妨碍和精力难以集中等，造成操作速度下降、生产效率降低，并且可能出现质量事故。

2．振动的控制

（1）改进作业工具

（2）人员轮流作业

（3）采用合理的防护用品

（4）定期体检

六、异常气压环境

（一）高气压环境

1. 高气压作业

2. 潜水作业

3. 潜涵作业

4. 防护措施

（二）低气压环境

1. 低气压作业（在高空、高山与高原作业均属低气压环境作业）

2. 防护措施

（1）适应性锻炼

（2）需供应高糖

（3）全面的体格检查

七、辐射环境

（一）电离辐射

1. 电离辐射的危害

2. 电离辐射作业环境的防护

（二）非电离辐射

1. 射频辐射

2. 红外辐射

3. 紫外辐射

4. 激光

第二节　选择适合的案例进行分析（拓展内容）

教学方法
讲授教学课件+课堂讨论+学生讲课+案例分析
课堂讨论与练习
从哪些方面对温度作业环境进行改善？
作业安排及课后反思
① 作业环境设计主要包括哪些内容？进行安全设计应遵循哪些原则？ ② 作业环境设计的重点是什么？

3.11　教学单元十一——人机系统的安全设计与评价（下）

授课过程

课程名称	安全人机工程	章节名称	人机系统的安全设计与评价（下）	学时	2
教学日期	第 12、13 周				

教学目标

① 掌握安全防护装置的作用与分类。

② 掌握安全防护装置的设计原则。

③ 掌握典型安全防护装置的设计原则。

④ 理解可靠性的定义及其度量。

⑤ 深刻理解影响人的可靠性因素。

⑥ 深刻理解人的失误与人因事故的原因及预防措施。

⑦ 掌握人机系统的可靠性计算方法。

⑧ 理解提高人机系统安全可靠性的途径。

主要内容

① 人机系统的安全与可靠性。

② 安全防护装置设计。

自学：安全防护装置的作用与分类。

拓展：系统安全综合评价法、人机系统的连接分析方法。

重点：人的可靠性模型及研究方法。

难点：人的可靠性模型。

教学过程

第一节　安全防护装置设计（了解）

一、安全防护装置的作用和分类

（一）安全防护装置的作用

①防止机械设备因超限运行而发生事故；②通过自动监测与诊断系统排除

故障或中断危险；③防止因人的误操作而引发的事故；④防止操作者误入危险区而发生的事故。

（二）安全防护装置的分类

1. 隔离防护装置
2. 联锁控制防控装置
3. 超限保险装置
4. 紧急制动装置
5. 报警装置

二、安全防护装置的设计原则

①以保护人身安全为出发点进行设计的原则；②安全防护装置必须安全可靠的原则；③安全防护装置与机械装备配套设计的原则；④简单、经济、方便的原则；⑤自组织的设计原则。

三、典型安全防护装置的设计

（一）隔离防护安全装置的设计

1. 防护罩

防护罩的作用，一是使人体不能进入危险区，二是阻挡高速飞向人体的外来物。为此，防护罩的设计应满足如下基本要求：

① 有足够的强度和刚度，结构和布局合理，而且应牢固地固定在设备上。

② 不允许防护罩给生产场所带来新的危险，其本身表面应光滑，不得有毛刺或尖锐棱角。

③ 防护罩不应影响操作者的视线和正常作业，防护罩与运转零部件之间应留有足够的间隙，以免相互接触，干扰运动或碰坏零件；应便于设备的检查、保养、维修。

2. 防护屏

防护屏是设置在离机械一定距离的地面上，根据需要可以移动。它主要适用于不需要人进行操作的机械，如用于隔离机械手或工业机器人的活动区域。防护屏一般用金属材料制成，并应有足够的强度，可以采用栅栏结构、网状结构或孔板结构，常见的有围栏、防护屏、栏杆等。在设计防护屏时，应注意栅栏的横向或竖向间距、网眼或网孔的最大尺寸和防护屏高度，以及防护屏放置的最小安全距离必须符合国家标准。

防护屏除可以防止机械伤害外，还可以防止由灼烫、腐蚀、触电等造成的伤害。

（二）联锁防护安全装置的设计

1．机械式联锁装置

2．电气联锁装置

① 顺序联锁

② 按钮控制的正反转联锁线路

③ 欠电压、欠电流联锁保护

3．液压联锁回路

（三）超限保险安全装置的设计

1．超载安全装置

2．越位安全装置

3．超压安全装置

（四）制动装置

（五）报警装置

（六）防触电安全装置

1．断电保险装置

2．漏电保护器

3．电容器放电装置

4．接地

5．警告标志与警告信号

第二节 人机系统的安全与可靠性（熟悉）

一、可靠性的定义及其度量

（一）可靠性的定义

可靠性是指研究对象在规定条件下和规定时间内完成规定功能的能力。

（二）可靠性度量指标

可靠度是可靠性的量化指标，即系统或产品在规定条件和规定时间内完成规定功能的概率。可靠度是时间的函数，常用 $R(t)$ 表示，称为可靠度函数。

产品出故障的概率是通过多次试验中该产品发生故障的频率来估计的。例如，取 N 个产品进行试验，若在规定时间 t 内共有 $Nf(t)$ 个产品出故障，则该产品可靠度的观测值可用式（3.2）近似表示：

$$R(t) \approx [N - Nf(t)]/N \qquad (3.2)$$

当 $t=0$，$Nf(t)=0$，则 $R(t)=1$。

随着 t 的增加，出故障的产品数 $Nf(t)$ 也随之增加，则可靠度 $R(t)$ 下降。当 $t \to \infty$，$Nf(t) \to N$，则 $R(t) \to 0$。

可靠度的变化范围约为 $0 \leqslant R(t) \leqslant 1$。

与可靠度相反的一个参数叫不可靠度。它是指系统或产品在规定条件下和规定时间内未完成规定功能的概率，即发生故障的概率，所以也称累积故障概率。

不可靠度也是时间的函数，常用 $F(t)$ 表示。同样对 N 个产品进行寿命试验，试验到 t 瞬间的故障数为 $Nf(t)$，则当 N 足够大时，产品工作到 t 瞬间的不可靠度的观测值（即累积故障概率）可近似表示，见式（3.3）：

$$F(t) \approx Nf(t)/N \qquad (3.3)$$

$F(t)$ 随 $Nf(t)$ 的增加而增加

$F(t)$ 的变化范围约为 $0 \leqslant F(t) \leqslant 1$

二、人的可靠性问题

（一）影响人的可靠性的因素

生理因素：如体力、耐久力、疾病、饥渴，对环境因素承受能力的限度等；

大脑的意识水平。

心理因素：因感觉灵敏度变化引起反应速度变化，因某种刺激导致心理特性波动，如情绪低落、发呆或惊慌失措等觉醒水平变化。

个人素质：训练程度、经验多少、操作熟练程度、技术水平高低、责任心强弱等。

操作因素：操作的连续性，操作的反复性，操作时间的长短，操作速度、频率及灵活性等。

环境因素：对新环境和作业不适应，由于温度、气压、供氧、照明等环境条件的变化不符合要求，以及振动和噪声的影响，引起操作者生理、心理上的不舒适。

管理因素：如不正确的指令，不恰当的指导，人际关系不融洽，工作岗位不称心等。

家庭和社会因素：家庭不和、人际关系不协调。

（二）人的可靠性分析方法

最主要的有：人的差错概率预测方法（THERP）、人的认知可靠性模型（HCR）、操作员动作树分析法（OAT）、通用失误模型系统（GEMS）。

三、机械的可靠性问题

在人机系统中，由于机器设备本身的故障以及人机系统设计的协调性差而使许多事故发生。因此，人们为了防止事故，在进行生产活动开始时，就要对机器设备的安全性进行预测。就机器设备而言，可靠性是指机器、部件、零件在规定条件下和规定时间内完成规定功能的能力。

度量可靠性指标的特征量称为可靠度。可靠度是在规定时间内，机器设备或部件能完成规定功能的概率。若把它视为时间的函数，就称为可靠度函数。

为简便起见，假设环境因素宜人，对机械设备不造成危害，则研究机的可靠性就转化为主要研究机械设备的可靠性问题。

一般情况，产品可靠性指标都与该产品的故障分布类型有关。若已知产品的故障分布函数，就可以求出其可靠度 $R(t)$、故障率 $\lambda(t)$ 及其他可靠性指标，若不知道具体的故障分布函数，但知道故障分布类型，也可以通过参数估计的方法求得某些可靠性指标的估计值。

故障分布类型有三种：指数分布、正态分布、威布尔分布。

四、人机系统的可靠度计算

人机系统的可靠度是由人的可靠度和机的可靠度组成的。机的可靠度可以通过大量统计学数据得到。人的可靠度的确定包括人的信息接受的可靠度、信息判断的可靠度和信息处理的可靠度，人机系统的可靠度据不同的系统模型来求出，通常情况下可看成串联系统。从人机系统考虑，若将环境作为干扰因素，而且此处假设环境是符合指标要求的，设其可靠度为 1，则人机系统的可靠度为：$R_s = R_人 R_{机器} = R_H R_M$ 构成系统的各单元之间通常可归结为串联配置方式和并联配置方式两类：

（一）串联配置方式

系统能量的输入按顺序依次通过功能上独立的单元 $Ai=1,2,3,\cdots,n$，然后才输出。如果系统中的任一个单元发生故障，就会导致整个系统发生故障。如果每个单元的可靠度为 $R_1,R_2,R_3,\cdots,R_n$，则系统的可靠度 $R_{s(t)}=R_1 R_2 R_3 \cdots R_n$ 重要的和可靠性要求高的系统，应力求避免采用串联配置方式。

（二）并联配置方式

并联配置方式的系统可靠性为 $R_{s(t)}=1-(1-R_1)(1-R_2)\cdots(1-R_n)$。

（三）可靠度的计算

1．简单人机系统的可靠度计算

简单人机系统的可靠度 $R_s=R_M R_H$，R_M 可通过上面所述的可靠度函数求出，亦可通过大量统计数据得出。$R_H=1-bcdef(1-r)$，其中，$r=r_1 \times r_2 \times r_3$ 信息输入、信息处理、信息输出三个阶段的基本可靠度 r_1、r_2 和 r_3，作业时间 b、操作频率 c、危险程度 d、生理心理因素 e 和环境条件 f。

2．二人监控人机系统的可靠度

两人监控的人机系统的可靠度 R_{sr}（双人系统可靠性）为：异常情况，（切断）$R'_{sr}=R_{Hb} \cdot R_M=[(1-R_1)(1-R_2)]R_M$ 正常情况，（不切断）$R''_{sr}=R_{Hb} \cdot R_M=R_1 \cdot R_2 \cdot R_M$。

3．多人表决的冗余人机系统可靠度

若由几人构成控制系统，当其中 γ 个人的控制工作同时失误时，系统才会失败，我们称这样的系统为多数人表决的冗余人机系统。

设每个人的可靠度均为 R，则系统全体人员的操作可靠度 R_{H_n} 为：

$$R_{H_n} = \sum_{i=0}^{r-1} C_n^i (1-R)^i R^{(n-i)}$$

4．控制器监控的冗余人机系统可靠度

设监控器的可靠度为 R_{m_k}，则人机系统的可靠度 R_{S_k} 为：$R_{S_k} = [1-(1-R_{m_k} \cdot R_H)$ $(1-R_H)] \cdot R_m$

5．自动控制冗余人机系统可靠度。设自动控制系统的可靠度为 R_{m_z}，则人机系统的可靠度 R_{S_z} 为：$R_{S_z} = [1-(1-R_{m_z} \cdot R_H)(1-R_{m_z})] \cdot R_m$。

五、提高人机系统安全可靠性的途径

（一）合理进行人机功能分配，建立高效可靠的人机系统

① 对于部件等系统宜选用并联组装。

② 形成冗余的人机系统：系统运行中应让其有充足的多余时间，不能使系统无暇顾及运行中的错误情形，杜绝其失误运行。

③ 系统运行时其运行频率应适度。

④ 系统运行时应设置纠错装置，当操作者出现误操作时，也不能酿成系统事故。如电脑中的纠错系统等。

⑤ 经过上岗前严格培训与考核，允许具有进入"稳定工作期"可靠度的人上岗操作。

（二）减少人因失误

①使操纵意识始终处于最佳意识状态；②建立合理的安全规章制度、规范，并严格执行，以约束不按操作规程操作的人员的行为；③安全教育和安全训练；④按照人的生理特点安排工作；⑤减少单调作业，克服单调作业导致人的失误。

第三节　系统安全综合评价法（拓展内容，需了解）

系统评价的理论和方法很多、很杂，归纳起来大致可分为三类：第一类是以数理为基础的理论，它从数学理论和解析方法出发对评价系统进行严格定量

的描述与计算；第二类是以统计为主的理论和方法，它借助统计数据去建立较多的凭感觉而暂时不能准确测量的评价模型，它是心理学领域常用的方法之一；第三类是重现决策支持的有关方法。实际中应用的主要评价理论归纳起来有：①冯·纽曼（von Newrmann）提出的效用理论；②确定性理论；③不确定性理论（目前用得较多的是：对事件发生的可能性做出定量估计，即得到主观概率，并以期望值作为评价函数而后化作确定性问题去处理）；④非精确理论（用得较多的是模糊集理论）；⑤最优化理论，其中典型的数学规划方法有线性规划、整数规划、非线性规划、动态规划、多目标规划等。本节因篇幅所限仅研究两种方法：一种是基于模糊集理论的模糊综合评价法；另一种是 1973 年由美国萨迪（Saaty）教授提出的层次分析法，属于多目标、多准则、定性分析和定量分析相结合的评价决策方法。

第四节 人机系统的连接分析方法（拓展内容，需了解）

一、连接及其表示方法

连接分析法是一种对已设计好的人、机械、过程和系统进行评价的简便方法。连接是指人机系统中，人与机、机与机、人与人之间的相互作用关系。人机连接、机-机连接和人-人连接。人-机连接是指作业者通过感觉器官接受机器发出的信息或作业者对机器实施控制操作而产生的作用关系；机-机连接是指机械装置之间所存在的依次控制关系；人-人连接是指作业者之间通过信息联络、协调系统正常运行而产生的作用关系。按连接的性质，人机系统的连接方式主要有对应连接（又称对应连接链）和逐次连接（又称逐次连接链）。

（一）对应连接

对应连接是指作业者通过感觉器官接受他人或机器发出的信息或作业者根据获得的信息进行操作而形成的作用关系。例如，操作人员观察显示器后，进行相应的操作；厂内运输驾驶员听到调度人员的指令信号，驾驶员所进行的操作等。这些都是由显示器传给眼睛，或者由声音信号传给耳朵之后进行的。这种以视觉、听觉或触觉来接受指示形成的对应连接称为显示指示型对应连接；操作人员得到信息后，以各种反应动作操纵各种控制装置而形成的连接称为反应动作型对应连接。

（二）逐次连接

人在进行某一作用过程中，往往不是一次动作便能达到目的，而需要多次逐个的连续动作。这种由逐次动作达到一个目的而形成的连接称为逐次连接。例如汽车驾驶员在交叉路口停车后重新起步的操作过程：确认允许通行信号（信号灯的绿灯显示或者交通民警的指挥信号）→左脚把离合器踏板踩到底→右手操纵变速杆，迅速挂上起步挡→缓缓抬起左脚，使离合器平稳接合，同时右脚平稳踩下加速踏板，使汽车平稳起步→汽车加速到一定车速时，左脚迅速把离合器踏板踩到底，同时右脚迅速抬起，把加速踏板松开→右手操纵变速杆，迅速换入高一级挡位→缓缓抬起左脚，使离合器平稳接合，同时右脚平稳踩下加速踏板，使汽车进一步加速→汽车加速到更高车速时，左脚迅速把离合器踏板踩到底，同时右脚迅速抬起，把加速踏板松开→右手操纵变速杆，迅速换入更高一级挡位（直接挡或最高挡）→缓缓抬起左脚，使离合器平稳接合，同时右脚平稳踩下加速踏板，使汽车加速到稳定车速后，保持稳速行驶。显然，这一复杂的操作过程为一典型的逐次连接链。

二、连接分析方法的步骤

① 根据人机系统的配置方式并使用上面规定的符号，画出连接关系图。

② 计算各联系链的链值。连接关系图中不同的线型表示不同类型的联系链：细实线表示操作链；虚线表示视觉链；点画线表示行走链；双点画线表示听觉链。各联系链的重要性分值与使用频率分值的乘积称作联系链的链值，可据此判定人机系统中各联系链之间的相对权重，从而为人机系统的合理布置提供量化的依据。例如，对于链值高的操作链，应优先布置在人的手或脚的最优作业范围；对于链值高的视觉链应优先布置在人眼的最优视区；对于链值高的行走链，应使其行走距离最短等。

③ 分析人机配置关系的合理程度，检核各种链的功能效果。例如，视觉链是否达到和满足视距适当、视线不受阻挡、清晰度高、照明度好的要求；操作链是否满足人的操作准确、避免疲劳和提高效率的要求；行走链是否路线最短、干扰性最小；语言链是否使声音清晰、准确有效地传达一定信息等。

④ 通过上述分析并运用优化原则，对系统中不合理部分进行调整，使人与机器、人与人之间尽量减少作业时的交叉环节和不合理关系。

教学方法
讲授教学课件+课堂讨论+学生讲课+案例分析
课堂讨论与练习
① 为什么要对显示器和控制器进行配置设计？
② 简述数字式显示和指针式模拟显示各有什么优点。
③ 某变电所三人值班，若每人判断正确的可靠度为 0.9995，试求：
a. 三人中有一人确认判断正确就可执行操作的可靠度；
b. 三人中有二人确认判断正确就可执行操作的可靠度；
c. 三人同时确认判断正确才可执行操作的可靠度。
作业安排及课后反思
① 何谓安全防护装置？它有几种类型？有什么作用？
② 安全防护装置设计的原则有哪些？
③ 结合事例说明如何进行安全装置的设计。
④ 影响人的可靠性因素主要有哪些？
⑤ 阐述人的失误种类及其特点。
⑥ 从安全人机工程的角度，分析人失误的产生原因。
⑦ 诱发人因事故的主要因素及其预防措施有哪些？
⑧ 提高人机系统安全可靠性有哪些途径？

3.12　教学单元十二——安全人机工程学的实践与运用（上）

授课过程

课程名称	安全人机工程学	章节名称	安全人机工程学的实践与运用（上）	学时	2
教学日期	第 14 周				

教学目标

① 深刻理解工作空间的安全人机工程的思想和内涵，做到灵活应用。

② 深刻理解手持工具的安全人机工程的思想和内涵，做到灵活应用。

主要内容

① 工作空间及其设计。

② 手持工具的安全人机工程。

拓展：重大事故案例分析。

重点：有关作业空间、工作空间设计、受限空间作业设计的相关概念和基本原则、手持式工具设计的人机要求。

难点：控制室的平面布置、控制中心室的设计、控制室的其他要求、核电厂主控室安全人机工程设计实例。

教学过程

第一节　工作空间及其设计（熟悉）

人与机器结合完成生产任务是在一定的作业空间进行的。人们在从事某项作业时，为完成该项工作，人体所必需的活动范围或空间，称为工作空间，亦称作业空间，它包括人的操作活动范围和机器设备中的显示器和控制器所及范围。

作业空间设计，从大的范围来讲，是指按照作业者的操作范围、视觉范围以及作业姿势等一系列生理、心理因素对作业对象、机器、设备、工具进行合理的空间布局，给人、物等确定最佳的流通路线和占有区域，提高系统总体可靠性和经济性。从小的范围来讲，就是合理设计工作岗位，以保证作业者安全、舒适、高效工作。

一、有关概念

（一）关于作业空间

① 近身作业空间：指作业者在某一固定工作岗位时，考虑身体的静态和动态尺寸，在坐姿或站姿下，其所能完成作业的空间范围。

② 个体作业场所：指操作者周围与作业有关的将设备因素考虑在内的作业区域，简称作业场所。

③ 总体作业空间：多个相互联系的个体作业场所布置在一起构成总体作业空间。

④ 受限作业空间：进出开口有局限性，非预定作业者连续停留的作业空间就是受限作业空间。

（二）关于作业姿势

1. 坐姿

坐姿作业的特点：坐着的作业姿势常指身躯伸直或稍向前倾 10°～15°角，上腿平放，下腿一般垂地或稍向前倾斜着地，身体处于舒适的体位。人体最合理的作业姿势就是坐姿作业。

下列作业宜采用坐姿作业：持续时间较长的静态作业。此时需要支持身体的力较小，腿上消耗的能量和负荷较小，血液循环畅通，可以减少疲劳和人体能量的消耗。精密度要求高而又要求仔细的作业，在坐姿情况下，当设备振动或移动时，人体具有较大的稳定度和较好的平衡度。需要手足并用，并对一个以上踏板进行控制的作业。坐姿时，双脚容易移动，且可借助座椅支撑对脚控制器施以较大力量。

2. 立姿

立姿作业的特点：通常指人站立时上体前屈角小于 30° 时所保持的姿势（前屈角大于 30° 为前屈姿势）。

以下作业选用立姿作业优于坐姿作业：

① 需要经常改变体位的作业。常用的控制器分布在较远区域、需要手足有较大运动幅度的作业。因站姿时作业者可以走动，可以看见或使用坐姿作业者够不到的部件。

② 需要用力较大的作业。立势时手臂力量较大，易于操作大操纵杆。此外，立姿作业时，还有作业者可变换位置，减少疲劳和厌烦；可利用平展的工作面而无需任何容膝空间等重要优点。立姿作业的缺点在于：不易进行精确而细致的工作；不易转换操作；立姿时肌肉要做出更多的功以支持体重，故易引起疲劳；下肢负担较重，长期站立易引起下肢静脉曲张等等。

③ 坐-立交替姿势。某些作业并不要求作业者始终保持立姿或者站姿，在作业的一定阶段，需交换姿势完成操作。为了克服坐姿、立姿作业的缺点，在工作岗位上经常采用坐-立姿交替作业的方式。这种方式的优点在于，能使作业者在工作中变换体位，从而避免由身体长时间处于一种体位而引起的肌肉疲劳。例如，长时间单调的坐姿作业会引起心理性疲劳，改成立姿适当走动，有助于维持工作能力，而长时间的立姿作业会产生肌肉疲劳，坐下来就可以得到消除。因此，坐-立姿交替作业能吸收各自的长处，弥补各方面的短处，应尽可能用坐-立姿交替作业方式，代替单纯的立姿作业方式。

（三）岗位设计

岗位设计指工作场所、工作姿态、作业空间、座椅设计等，其设计应满足作业过程中的可达性要求、可视性及舒适性要求。可达性通常包括实体可达、作业空间可达和视觉可达等内容。

（四）受限空间的作业设计

1. 受限空间及受限空间作业

受限空间是指进出口受限，通风不良，可能存在易燃易爆，有毒有害物质或缺氧，对进入人员身体健康和生命安全构成威胁的封闭、半封闭设施及场所，如反应器、塔、釜、槽、罐、炉膛、锅筒、管道以及地下室、窨井、坑（池）、下水道或其他封闭、半封闭场所。进入或深入受限空间进行的作业称之为受限空间作业。如某些作业和活动需在限定的空间中进行某些空间范围对作业者的正常工作心理状态有影响；某些空间存在着可能会危及人身安全的因素。在布局设计或设备设计时，必须充分考虑并保证这些空间不影响人的有效活动，不影响人的健康和安全。

2. 受限空间分类

① 受限作业（维修）空间，主要是指维修之类作业所需的最小空间。

② 受限活动空间，是指人进行必要的活动所需的最小空间。

③ 个人心理空间，是指围绕着人体并按其心理感受所期望的空间。

④ 安全空间，是指可保障人体或其局部不致受到伤害的空间。

3. 受限空间中的作业方式

（1）人体完全进入受限空间作业

（2）将身体局部伸入作业空间

二、工作空间的设计

（一）工作空间设计的原则

1. 工作空间设计的一般原则

（1）操作高度应适合于操作者的身体尺寸及工作类型，座位、工作面（工作台）应保证适宜的身体姿势，即身体躯干自然直立，身体重量能得到适当支撑，两肘置于身体两侧，前臂呈水平状。

（2）座位调节到适合于人的解剖、生理特点。

（3）为身体的活动，特别是头、手臂、手、腿、脚的活动提供足够的空间。

（4）操纵装置设置在身体功能易达或可及的空间范围内，显示装置按功能重要性和使用频度依次布置在最佳或有效视区内。

（5）把手和手柄适合于手功能的解剖学特性。

2. 安全人机工程学原则

（1）操作高度应适合于操作者的身体尺寸及工作类型，座位、工作面（工作台）应保证适宜的身体姿势，即身体躯干自然直立，身体重量能得到适当支撑，两肘置于身体两侧，前臂呈水平状。

（2）座位调节到适合于人的解剖、生理特点。

（3）为身体的活动，特别是头、手臂、手、腿、脚的活动提供足够的空间。

（4）操纵装置设置在身体功能易达或可及的空间范围内，显示装置按功能重要性和使用频度依次布置在最佳或有效视区内。

（5）把手和手柄适合于手功能的解剖学特性。

（二）不同作业姿势下的活动空间布局设计

1．坐姿作业空间布局设计

坐姿作业空间主要包括工作台、工作座椅、人体活动余隙和作业范围等的尺寸和布局等。

（1）坐姿工作面的设计

坐姿工作面的高度主要由人体参数和作业性质等因素决定，图3.21给出了坐姿作业时，作业性质对工作面高度的要求。

图 3.21　坐姿工作面高度

图3.22给出了工作面高度与身高和作业活动性质的关系。

工作面宽度视作业功能要求而定。若单供肘靠之用，最小宽度为100mm，最佳宽度为200mm；仅当写字面用，最小宽度为305mm，最佳宽度为405mm；作办公桌用，最佳宽度为910mm；作试验台用，视需要而定。为保证大腿容隙，工作面板厚度一般不超过50mm。

a 的台面高度为(880±20)mm，作业者眼睛到被观察物体的距离为 120～250mm，能区分直径小于0.5mm 的零件。适合对视力强度、手臂活动的精度和灵巧性要求都很高的作业，如钟表组装。

b 的台面高度为(840±20)mm，作业者眼睛到被观察物体的距离为 250～350mm，能区分直径小于1mm 的零件，适合对视力强度要求较高的工作，如微型机械和仪表的组装，精确复制和画图等。

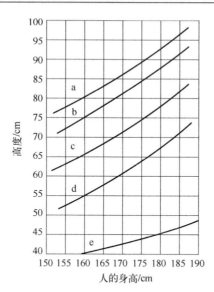

图 3.22　工作台和座位高度与工作性质和人身高的关系

c 的台面高度为(740±20)mm，作业者眼睛到被观察物体的距离小于500mm，能区分直径小于 10mm 的零件，适合于一般的作业要求，如一般的钳工工作、坐着的办公工作等；

d 的台面高度为(680±20)mm，作业者眼睛到被观察物体的距离大于500mm，适合于精度要求不高、需要较大力气才能完成的手工作业，如包装、大零件安装、打字机上打字等。

（2）容膝空间

在设计坐姿用工作台时，必须根据脚可达到区在工作台下部布置容膝空间，以保证作业者在作业过程中，腿脚能有方便的姿势。

（3）椅面高度及活动余隙

工作座椅需占用的空间，不仅包括座椅本身的几何尺寸，还包括了人体活动要改变座椅位置等余隙要求。椅面高度应根据坐姿腘窝高和坐姿时高的第 95 百分位数值设计，矮身材的人可以通过脚踏板（脚垫）调整。一般椅面高度比工作面高度低 270～290mm 时，上半身操作姿势最方便。因此，椅面高度宜取(420±20)mm。座椅放置的深度距离（工作台边缘至固定壁面的距离），至少应在 810mm，以便容易向右移动椅子，方便作业者的起立与坐下等活动。工作座椅的扶手至侧面固定臂面的距离最小为 610mm，以利于作业者自由伸展胳膊。

（4）坐姿作业范围

坐姿作业的水平面作业范围的设计如图 3.23 所示。

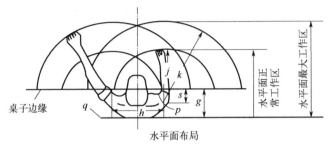

水平面布局

图 3.23　水平面作业范围设计

坐姿作业的垂直面作业范围的设计如图 3.24 所示。

垂直面布局

图 3.24　垂直面作业范围设计

由水平面作业范围和垂直面作业范围构成的坐姿空间作业范围的舒适区域介于肩与肘之间，此时，手臂的活动路线最短最舒适，能迅速而准确地进行操作。

2．立姿作业空间布局设计

立姿作业空间主要包括工作台、作业范围和工作活动余隙等的尺寸和布局。其设计用人体参量和选用原则如下表所示。

（1）立姿工作面的高度

立姿工作面的高度不仅跟身高有关，还与作业时施力的大小、视力和操作范围等很多因素有关。在考虑不同身高的工作者对工作面高度的要求时，虽然可以设计出高度可调的工作台，但事实上，可以通过调整脚垫的高度来调整作业者的身高和肘高。因此，立姿工作面高度应按身高和肘高的第 95 百分位数设计。对男女共用的工作面高度按男性的数值设计。

（2）立姿工作活动余隙

立姿作业时，人的活动性比较大。为了保证作业者操作自由、动作舒展，必须使站立位置有一定的活动余隙。有条件时，可以适当大些，场地较小时，应按有关人体参量的第 95 百分位数加上着冬季防寒服时的修正值进行设计，一般应满足以下要求：站立用空间（作业者身前工作台边缘至身后墙壁之间的距离），不得小于 760mm，最好能达到 910mm 以上；身体通过的宽度（身体左右两侧间距），不得小于 510mm，最好能保证在 810mm 以上；身体通过的深度（在局部位置侧身通过的前后间距），不得小于 330mm，最好能满足 380mm。行走空间宽度（供双脚行走的凹进或凸出的平整地面宽度），不得小于 305mm，一般须在 380mm 以上；容膝容足空间。立姿作业虽不需要，但提供了容膝容足空间，可以使作业者站在工作台前能够屈膝和向前伸脚。一方面站着舒适，另一方面使身体可能靠近工作台，扩大上肢在工作台上的可及深度。容膝空间最好有 200mm 以上，容足空间最好达到(150×150)mm 以上；过头顶余隙 （地面至顶板的距离）。一些岗位的过头顶余隙就是楼层的高台，但许多大型设备常在机器旁建立比较矮小的操纵控制室，空间尺寸十分有限。如果过头顶余隙过小，心理上就产生压迫感，影响作业的耐久性和正确性。过头顶余隙最小应大于 2030mm，最好在 2100mm 以上，在此高度下不应有任何构件通过。

（3）临时座位

立姿工作易疲劳，条件允许时，应提供临时座位供作业者工间短时休息。临时座位不应影响立姿作业自由走动和操作。

（4）立姿作业范围

立姿作业的水平面作业范围与坐姿时相同。

3. 坐-立姿作业空间布局设计

坐-立姿作业空间设计用人体参量与选用原则,是在设计立姿作业空间的人体测量项目参数的基础上，增加了坐姿腘窝高 n 和大腿厚 i 这两个坐姿作业的设计参数,坐-立姿交替作业的工作面高度及水平面和垂直面的最大作业范围和舒适作业范围,均与单独采用立姿作业的设计结果相同。但坐-立姿交替作业的工作座椅的坐面高与坐姿作业时的坐面高是不同的。它是由立姿时的工作面高度减去工作台面板厚度和大腿厚度 i 的第 95 百分位数所确定的。

4. 其他姿势的作业空间

在工厂里,除了在固定工作岗位上通过操纵机器直接生产制造产品之外,还有大量的工人则是从事机器设备安装维修工作。当进入设备和管路布置区域或进入设备和容器的内部时,由于空间的限制,作业人员往往既不能坐着作业,也不能站着作业,而只能采取蹲姿、跪姿和卧姿等。因此,必须在设备的设计和布局时就事先留出以其他可以预见到的姿势,进行作业的所需空间。具体包括两个方面,一是到达各检修点的可达性问题;二是在各检修点的可操作性问题。

(1)检修通道的布局与最小尺寸

解决可达性问题,就是根据可能的通行姿势设计合理的检修通道。检修通道应针对一切可能的检修项目,采用最容易使所需的零部件、人的身体、工具等顺利通过的形状。在确定具体尺寸时,应考虑人体携带零部件和工具的方式所需的工作余隙,还应考虑操作人员在通道内的视觉要求。否则遇到紧急检修时,人、工具和更换的零部件进不去,就得拆除或破坏其他的设施,造成更大的减产、停产。

一般情况下,设置一个大的检修通道,比设置两个或更多个小的检修通道要好,检修通道应位于正常安装时易于接近的设备表面或直接进入最便于维修的地方。同时应处于远离高压或危险转动部件的安全区。否则应采取有效的安全措施,以防作业人员进出时受到伤害。

(2)其他姿势最小作业空间尺寸

安装与维修机器设备时,若检修点的作业空间过小,人的肢体施展不开,就会以不合理的方式用力而损伤肌肉骨骼组织。或者会因把持不住工具、零部件等而造成物体失落,既影响工作效率,又容易砸伤人体。

全身进入的各种姿势所需的最小作业空间尺寸,应根据有关人体测量项目的第 95 百分位数进行设计。

(三)安全距离设计

基于种种原因,许多设备要实现无任何危险之处是很难的,因此就必须考虑与其保持一定的安全距离。一是防止人体触及机械部位的间隔；称为机械防护安全距离的确定，主要取决于人体测量参数。二是使人体免受非触及机械性有害因素影响的间隔，如超声波危害、电离辐射和非电离辐射危害，冷冻危害以及尘毒危害等）安全距离的确定，主要取决于危害源的强度和人体的生理耐受阈限。

1. 机械防护安全距离设计

$$S_d=(1\pm K)L \quad \text{或：} \quad S_d=(1\pm K)R_m$$

式中，S_d 为安全距离，mm；L 为人体尺寸，mm；R_m 为最大可及范围，mm；K 为附加量系数。

2. 人体与带电导体的安全距离

由于须向设备提供动力和工作照明的需要，在厂区、车间和工作岗位上，常常有配电设施、电线电缆和电器开关等。这些带电的物体虽然都有绝缘的外表层或其他安全保护措施，但对人体仍然存在着潜在威胁。因此，人体与带电导体应保持一定的安全距离，以避免各种电器伤害。

人体与带电导体间的安全距离视电压的高低和操作条件而定。在低压操作下，人体与带电体至少应保持 100 mm 的距离。在高压无遮拦操作中，人体及所携带工具与带电体之间的最小距离：10kV 以下者不应小于 700mm，20～35kV 者不应小于 1000mm。用绝缘杆操作时，应装邻近时遮拦。在线路上工作时，人体与邻近带电体的最小距离：10kV 以下者不应小于 1000mm，35kV 者不应小于 2500mm。

（四）最佳作业空间的选择

①充分考虑作业者的心理特性；②充分考虑作业者的行动空间；③对于多人集体作业应考虑协同作业空间；④考虑设备本身的特点（功能、形状、数量和使用情况等）进行设计，尽量把功能相同和相互联系的部件组合在一起，以利于操作、监视和管理；⑤考虑控制装置的合理布局，将使用频率高的控制装置布置在最适于作业的区域，并按操作的先后顺序，把它们相互之间尽量安排得近一些，形成一个流畅的作业线路；⑥根据人体测量学、解剖学和生物力学的特征来布置机器、控制器和工具，做到使操作者既能高效操作，又能减少疲劳；⑦把设备、控制器和显示器等尤其是重要设备仪器布置在操作者的手或脚的可及范围与视野的有效位置内。

三、受限空间作业设计

（一）受限空间设计考虑因素

受限空间设计应从实际的作业及活动需要和特点出发，考虑体位、姿势及肢体的各个方向活动范围，考虑使用工具的空间，并留有适当裕量，其设计除了遵循工作空间设计的一般原则和满足相应尺寸要求外，还应考虑到受限空间特殊性，如空间环境影响因素必须在设计中予以考虑。

（二）人体完全进入受限空间尺寸设计

身体完全进入受限空间进行作业，会受到以下因素影响：衣着类型，如衣服的厚薄；是否携带工具；是否有附加装备，如防护设备；运作姿态、视线、施力大小等作业要求；作业频次和时间；开口通道的长度；逃离危险的可利用空间；人体支持物的位置，尺寸、光线、噪声、湿度、温度等环境条件；作业时的危险因素。

（三）人体局部进入受限空间尺寸设计

在装修工程环境设施施工中，经常会遇到需要施工人员身体局部进入开口空间进行作业的工作，例如书桌抽屉轨道的安装，隐蔽在墙体内的水电表箱，小区内的公共管道井维修等。这些工作的进行因为身体局部进入，作业难度增加，有一定的不安全因素。《用于机械安全的人类工效学设计　第2部分：人体局部进入机械的开口尺寸确定原则》（GB/T 18717.2—2002）对此提出，有许多因素会影响作业的安全进行，如作业人员的动作姿势、施力大小、视力程度；作业人员与开口的配合方式；是否易于达到作业高度；作业空间是否充足；作业姿势是否舒适；作业的时间和作业频率；携带工具应用是否便利；进入开口空间的深度、宽度；是否有辅助设备，如照明灯、防护服；工作人员的衣着厚薄；免冠还是戴头盔；作业环境中的光线、噪声、温度、湿度因素；还有作业的安全风险因素。

（四）受限空间作业环境设计

① 作业前应对受限空间进行安全隔离。

② 作业前应根据受限空间特性，对受限空间进行清洗或置换。

③ 应保持受限空间空气流通良好。

④ 应对受限空间内的气体浓度进行严格监测。

⑤ 采取防护措施包括：a. 缺氧或有毒的受限空间经清洗或置换仍达不到②中要求的，应佩戴隔绝式呼吸器，必要时应拴带救生绳；b. 易燃易爆的受限空间经清洗或置换仍达不到要求的，应穿防静电工作服及防静电工作鞋，使用防爆型低压灯具及防爆工具；c. 酸碱等腐蚀性介质的受限空间，应穿戴防酸碱防护服、防护鞋、防护手套等防腐蚀护品；d. 有噪声产生的受限空间，应佩戴耳塞等防噪声护具；e. 有粉尘产生的受限空间，应佩戴防尘口罩、眼罩等防尘护具；f. 高温的受限空间，进入时应穿戴高温防护用品，必要时采取通风、隔热、佩戴通信设备等防护措施；g. 低温的受限空间进入时应穿戴低温防护用品，必要时采取供暖、佩戴通信设备等措施。

第二节　手持工具的安全人机工程（熟悉）

一、手持式工具设计的人机要求

（一）手持式工具风险识别

手持式工具应能使出较大的力，但如果手持工具设计不合理，手持工具质量过重，可能出现肌肉劳损、上肢功能障碍、手部手指损伤或裂伤、手/手臂振动、手震颤、重复性活动所致的劳损等。

对于用力类型的工具，为了安全和避免损伤，手持工具使用应确保作用力施加在合适位置。如力施加在手掌心区域上，会压迫控制手指运动的韧带和腱，手容易受到伤害。对工具使用过度或者固定姿势重复操作，可导致作业者颈部、手臂和手腕疾患。手在握持中，手腕应尽可能保持伸直状态，以便确保施加在手上的任何力在传递到臂的时候不会产生绕手腕转动的较大力矩。

（二）手持式工具设计的基本要求

① 便于使用的规则，方便施力、利于观察等。

② 根据手持式工具使用性能合理选择工具重量。一般较轻的产品较易于操作，同时重量轻延长每次使用时间。

③ 使用工具时的姿势和操作动作匹配，符合人体生物力学特性，不能引起过度疲劳。如使用手持工具时手腕伸直可以减轻手腕疲劳。

④ 工具结合面即握持部分不应出现尖角和边棱，手柄的表面质地应能增强表面摩擦力，与所有使用者的手指形状都匹配，手柄的形状及尺寸大小与手匹配，与工具作业性质及操纵相关。如直径大可以增大扭矩，但手柄直径太小，力量便不能发挥。

⑤ 手持工具的把手应有防滑保护装置，有助于在更靠前的位置推住工具，这样能提高操作的准确性：或者配备保护装置或制动装置，以避免滑落或者夹手。

二、手持式工具把手设计

（一）把手直径

把手直径大小取决于工具的用途与手的尺寸。对于螺丝起子，直径大可以增大扭矩，但直径太大会减小握力，降低灵活性与作业速度，并使指端骨弯曲增加，长时间操作，则导致指端疲劳。比较合适的直径是：手力抓握 30～40mm，精密抓握 8～16mm。如为了确定精确位置而设计的小型螺丝钻的手柄直径为 8～16mm。为了握紧手柄着力的打井钻的手柄直径为 30～50mm。手柄尺寸和手的大小匹配关系非常重要。如果手柄太小，力量便不能发挥，而且可能产生局部较大压力（类似用一支非常细的铅笔写作)。但如果手柄太大的话，手的肌肉处在一个不舒适作业状态。

（二）把手长度

把手长度主要取决于手掌宽度。掌宽一般在 71～97mm 之间（5%女性至95%男性数据），合适的把手长度为 100～125mm。最小手柄长度 100mm。

（三）把手形状

把手形状即把手截面形状。对于着力抓握把手与手掌的接触面积越大，则压应力越小，一般应根据作业性质确定把手形状，断面呈椭圆形的手柄，通常更能适应大的直线作用力和扭矩。与此相比，断面呈圆形或正方形的手柄就较差些。使用楔形把手的工具（横断面可变化的）可减少手向前移动，并更能用力对于施力较大的使用工具，使用横断面为非圆形且表面材料摩擦系数大的把手，可减少工具在手中的旋转。为了防止与手掌之间的相对滑动，可以采用三角形或矩形，这样也可以增加工具放置时的稳定性。对于螺丝起子，采用丁字形把手，可以使扭矩增大 50%，其最佳直径为 25mm，斜丁字形的最佳夹角为 60°。

（四）把手结构

其设计应保持工具使用时手腕处于顺直状态，此时腕关节处于正中的放松状态。当手腕处于掌屈背屈尺偏等别扭的状态时，手部组织超负荷，就会产生腕部酸痛、握力减小，长时间操作会引起腕道综合征、腱鞘炎等症状。钢丝钳传统设计与改进设计的比较，传统设计的钢丝钳造成掌侧偏，改良设计中握把弯曲，人操作时可以维持手腕的顺直状态，而不必采取尺偏的姿势。有时为避免工具使用时不舒适，常采用贴合人手的形状，使其适合所接触的身体部分如手掌和掌心。

（五）把手材料

把手柄表面使用导热性低的材料，如橡胶、乙烯树脂、木料或软塑料等，金属因导热性和导电性高而有危险对于金属把柄，只需在其表面涂薄薄一层塑料（如塑料套），就能极大地降低其导热性并提高其舒适度。

（六）手持式工具重量设计

手持式工具的最大重量参数：在使用时由手臂提起工具，从不合适的位置转换至合适位置的适宜重量不应超过 2.3kg。如果过重，前臂肌肉与肩膀就容易疲劳和损伤；若要求作用点位置精确的手持式工具，其重量不应超过 0.4kg。

三、手持式工具使用布置设计

（一）悬吊式工具布置设计

①在作业者上方提供可供悬吊的水平架子；②也可以为每件悬吊式工具提供专门架子置于作业者的前方，并在使用时易于靠近作业者；③确保悬吊

式工具位于作业者方便拾取之处，并确保悬吊工具在不使用时，不妨碍劳动者的手臂及其活动；④悬吊式工具供不同作业者使用，确保其在手接触范围内可调节。

（二）精密式工具布置设计

①在操作点附件提供支撑装置，使手或手与前臂在操作时得到支撑；②设计过程不断尝试不同位置和不同形状的手部支撑的效果，选择最佳效果。

（三）手持工具作业平台设计

①根据使用频率安置不同工具位置；②根据施力方向设置平台高度。

（四）操作过程安全设计

①工具具有防滑保护装置；②工具前部使用保护装置或制动装置，手握持处能预防手向前移动，预防滑落；③使用圆头把手可预防工具脱手，也可以使工具更易于向身体方向移动；④选择把手形状不易夹手的工具。

第三节　选择适当事故案例进行分析（拓展内容，引发思考）

教学方法
讲授教学课件+课堂讨论+案例分析
课堂讨论与练习
要设计出最佳作业空间，应该考虑哪些因素？
作业安排及课后反思
① 工作姿势主要有哪几类？各有何特点？怎样体现在工作设计的布局设计中？
② 在进行作业空间设计时，一般应遵守哪些基本原则？
③ 针对某一具体岗位进行作业空间设计。
④ 安全防护空间距离分为哪些？简述设计时的注意事项。

3.13 教学单元十三——安全人机工程学的实践与运用（中）

授课过程

课程名称	安全人机工程学	章节名称	安全人机工程学的实践与运用（中）	学时	2
教学日期	第 15 周				

教学目标

① 深刻理解控制室的安全人机工程的思想和内涵，并做到灵活应用。

② 深刻理解显示终端的安全人机工程的思想和内涵，并做到灵活应用。

③ 深刻理解办公室的安全人机工程的思想和内涵，并做到灵活应用。

主要内容

① 控制室的安全人机工程。

② 显示终端的安全人机工程。

③ 办公室的安全人机工程。

拓展：航天人-机-环境系统中的安全人机工程学问题、基于模糊理论的地铁多灾耦合条件下人群疏散研究。

重点：控制室的平面布置、控制室中心室的设计、现代办公室的特点、智能建筑。

难点：影响 VDT 操作者健康的人机因素分析、对 VDT 操作者健康的防护。

教学过程

第一节 控制室的安全人机工程（了解）

控制室在自动化程度相当高的生产线中成为控制系统的核心部分，故对控制室的设计与布置应有严格的要求。首先，控制室的设计必须做到内部结构功能分区明确，内外联系方便，并尽量减少走动；其次是控制室空间的合理布置和利用。

一、控制室的平面布置

包括控制中心室、控制室辅助用房、计算机室、更衣室、生活室、参观廊，如图 3.25 所示。

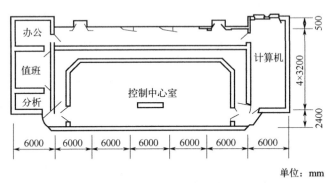

单位：mm

图 3.25　控制室的平面布置

二、控制中心室的设计

（一）作业活动范围所要求的尺寸

（二）设备及其他活动空间所要求的尺寸

设备及其他活动空间所要求的尺寸如图 3.26 所示。

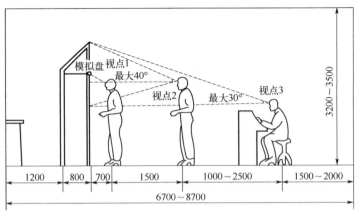

单位：mm

图 3.26　设备及其他活动空间所要求尺寸

三、控制室的其他要求

（一）采光与照明要求

（二）温度和湿度的要求

（三）建筑要求

（四）总体布局要求

四、核电厂主控室安全人机工程设计实例

（一）核电厂主控室安全人机工程设计的基本原则

安全性原则；可用性原则；人-机-环境整体考虑原则

（二）核电厂主控室安全人机工程设计的关键因素

（三）核电厂主控室信息显示装置和控制装置设计

①信息显示装置；②控制装置；③信息显示与控制动作的综合关系。

第二节　视觉显示终端（VDT）的安全人机工程（了解）

一、VDT 对人体健康的影响

（一）对眼睛的影响

表现出视疲劳、视力模糊、调节功能障碍和角膜损害长期从事视频显示终端作业者等自觉症状。

（二）骨骼肌肉的反应

VDT 对屏前操作者骨骼、肌肉影响涉及手腕的过度疲劳损伤牵扯到颈、肩、背及有关的腱和肌肉骨骼。

（三）神经的行为反应

调查表明，VDT 作业人员中不少人常处在"精神紧张"之中，或常常感"沮丧、不愉快"，对周围一切事物反应冷淡，对待人极为冷漠乃至冷酷，常伴有

头痛、头晕、记忆力减退等自觉症状。

二、影响 VDT 操作者健康的人机因素分析

（一）视频显示器本身

阴极显示管是视频显示器的主要部件，可产生电磁辐射(如 X 射线、超高频、高频、超低频、极低频等)。国外报道上述辐射所发生的剂量均不超过各国的安全卫生标准。我国重点研究了国内外各型号的电子计算机所辐射的 X 射线量，结果远低于辐射卫生标准，从安全和卫生两方面，均未发现对人体的危害，此与多数国外作者的意见一致。

（二）VDT 操作室的环境因素

VDT 操作室多为空调室，室内外温差较大。

（三）作业姿势的影响

1．VDT 操作者的桌子类型及高度
2．椅子类型及高度
3．显示屏与键盘的布局
4．光照度与视距

三、对 VDT 操作者健康的防护

（一）改善 VDT 操作室的环境
（二）减少 VDT 的电磁辐射
（三）从安全人机工程角度进行设计或改造
（四）作业者保持合理的作业姿态

第三节　办公室的安全人机工程（熟悉）

在政府机关或企业内部，在管理工作的相互沟通、协调、信息联系、综合平衡、目标决策等方面，办公室是主要工作场地，过去人们比较重视办公室的基建和设备的增加，现在办公室的人机工程学设计已越来越为人们所重视。

从办公室的职能管理活动来看，基本是两种类型：集中办公（集体办公）

和独立式办公（分散办公）。从办公室的平面布置形式分：有大空间式、空间分隔式和独间式等。显然，大空间式和空间分隔式适合于集中式办公，独间式适合于独立式办公。从我国目前情况看，这两种形式都大量存在。由于办公室自动化的迅速发展，大空间分隔式，特别是空间分隔式，将是办公室主要的发展形式。

对办公室管理工作的性质、管理工作人员的主要心理特性与行为方式和作业环境的影响的综合研究结果表明，在集体办公情况下，每个工作人员占用的最小面积为 $5m^2$，空间为 $15m^3$，最低高度为 3m。

一、现代办公室的特点

（一）社会及团体精神风貌的窗口
（二）办公场所智能化
（三）办公条件自动化
（四）办公环境舒适化
（五）现代办公室追求自身的合理管理与人员之间的相互制约及监督

二、理想的办公场所——智能建筑

（一）智能建筑的组成和功能

智能建筑通常具有四大主要特征，即建筑自动化（building automation，BA）、通信自动化（communication automation，CA）、办公自动化（office automation，OA）、布线综合化。前 3 个称为"3A"，其系统组成和功能如下：

1. 系统集成中心（SIC）

SIC：通过建筑物综合布线与各种终端设备和传感器连接，"感知"建筑内各个空间的"信息"，并通过计算机处理给出相应的对策，再通过通信终端或控制终端给出相应的反应，使大楼具有某种"智能"功能。

2. 综合布线（GC）

它是由线缆及相关连接硬件组成的信息传输通道，是连接"3A"系统各类信息必备的基础设施。

3. 办公自动化系统（OAS）

OAS 是把计算机技术、通信技术、系统科学及行为科学，应用于传统的数据处理技术所难以处理的、数量庞大且结构不明确的业务中。以微机为中心，采用传真机、复印机、打印机、电子邮件等一系列现代办公及通信设施，全面而又广泛地收集、整理、加工、使用信息，为科学管理和科学决策提供服务。

4．通信自动化系统（CAS）

CAS 能高速进行智能建筑内各种图像、文字、语音区数据之间的通信。它同时与外部通信网络相连，交流信息。

5．建筑物自动化系统（BAS）

BAS 是以中央计算机为核心，对建筑物内的设备运行状况进行实时控制和管理，提供给人们一个安全、健康、舒适、温馨的生活环境与高效的工作环境，并能保证系统运行的经济性和管理智能化。

（二）智能建筑的优点

①创造了安全、健康、舒适宜人和能提高工效的办公环境；②节能；③能满足多种用户对不同环境功能的要求；④现代化的通信手段与办公条件。

第四节　航天人-机-环境系统中的安全人机工程学问题（拓展内容，需了解）

一、航天人-机-环境系统的研究对象与任务

（一）人的特点

所研究的人是航天员，包括指令长、驾驶员以及机载专家等。由于空间飞行的特殊性，对航天员的选拔和训练要比飞行员更严格。除了合适的身高和体重、良好的心理素质和综合素质之外，还要求具有良好的抗超重耐力、有较好的缺氧耐力、有良好的心血管功能和前庭功能等。

（二）机的特点

机为载人航天器，包括航天飞船、航天飞机和空间站。显然，不同类型的航天飞行器的飞行轨道不同，进入大气层时的飞行速度与当前区域空气中的音速的比值也不同，因此进入大气层时空气与飞行器间的摩擦所产生的气动热也有所不同。例如某高超声速飞行器以 15.3 马赫飞时，进行 5 组分 17 种化学反应模型的非平衡化学反应流场计算，得到这时该飞行器头部附近的温度高达

6000～7000℃，所以高超声速飞行器的热防护问题是关系到航天领域热安全的重要内容之一。另外，飞行器的姿态调整与控制的精度也随着航天技术的要求不断提高。因此，对飞行器来讲，尤其是载人航天器，其安全性、可靠性以及可维修性的要求都是非常高的。

（三）环境的特点

这里环境就是人与机器所处的空间飞行环境，包括航天员与航天器共处的空间大环境及航天器中航天员所处的舱内小环境。空间大环境十分恶劣，含有危及生命的真空、强烈的太阳辐射（面向太阳侧的物体表面温度高达 176℃）、危害极大的宇宙辐射、热沉（背对太阳侧的温度低到-121℃）、满天飞的流尘与沙粒，另外还有逐年增加的宇宙垃圾（主要是人工发射的卫星等飞行体和其碎片）。航天器在上升段受到振动、噪声与加速度的作用，进入轨道后重力消失，处于失重状态。应该看到，失重环境对人的机体会产生很大影响。另外，舱内风机、仪器设备的电动机以及航天器定向用的发动机等所产生的噪声，虽然没有飞机的声强高，但作用时间长，如果平均在 70dB 时便足以引起人体的疲劳和听觉的疲劳。此外，在狭小的空间内，单人的孤独或数人的心理相容问题会变得更加突出，这些都是值得关注的问题。

二、航天特殊环境下所面临的安全人机工程学问题

（一）压力制度

压力制度是指飞行员与航天员居住的增压密闭舱和穿着的防护服的内环境所采用的何种气体和多高的工作压力。其基本要求包括：①确保航天员的安全与健康，既防低压又防缺氧对人体的伤害；②舱压和航天服压力的合理匹配，既能减少座舱意外减压对人体的影响，又便于出舱活动；③要有利于座舱环境的控制系统和航天服系统的工程实现，并且具有高度的可靠性；④环境控制系统的诸参数应该匹配合理，有利于实现"安全、高效、经济"的总体目标。目前已有三类载人航天器，即飞船、航天飞机和空间站。航天员生活和工作的舱室为完全增压密闭舱（即全密闭）。美国早期飞船曾采用 1/3 大气压力（即34.39kPa）的纯氧环境，其优点是压力控制系统简单，气体泄漏量少，对航天服的要求低，这些优点在航天初期是很重要的。但致命的缺点是氧浓度高，易发生火灾。例如阿波罗 1 号飞船在发射台进行模拟试验时曾因纯氧起火，三名航天员遇难。后来，美国放弃了这种压力制度，故用 1atm 制度（即海平面的大气压力 101.31kPa，氮、氧分别占 21% 与 79%），其突出的优点是选用了人类已适应的大气环境，缺点是氮-氧双气态控制系统复杂，船体泄漏量多，储气结构重，航天员出舱前必须进行排氮。

（二）超重与失重

在航空航天活动中，加速度与重力（或惯性力）是两个不可分割的概念。为便于下面叙述，先介绍常用术语与符号。在以飞行器加速度方向命名时，一般以 a 表示加速度，矢量 a 前冠以 "+" "−" 号并写明作用在飞行器各轴向(x,y,z)的下标，以示飞行器三个轴方向上的加速度；在以重力（或惯性力），作用于人体方向命名时，把人体纳入了 x、y、z 三轴坐标系中表示，让 x、y、z 三个轴线通过人体心脏，用 G 表示超重（或惯性力）这个矢量。G 之前冠以 "−" "+" 号，同时以 x、y、z 为下标，表示作用在人体三个轴六个方向上的重力方向。在以加速度作用于人体方向命名时，其加速度沿 x、y、z 轴作用于人体，可将加速度分为 6 种，即头向加速度（正加速度）、足向加速度（负加速度）、向前加速度、向后加速度、向左侧加速度、向右侧加速度；在按超重（或惯性力）作用于人体方向命名时，其超重（或惯性力）沿 x、y、z 轴作用于人体可分为 6 种，即头-盆向超重，盆-头向超重，胸-背向超重，背-胸向超重，右-左侧向超重，左-右侧向超重。这 6 种超重在工程上统称为过载。

三、低压与缺氧问题

低压对人体产生三大危害：一是气压性损伤；二是高压减压病；三是体液沸腾。

在 19.2km 的高空，水的沸点为 37 摄氏度，这恰巧是人体的体温。人如果突然暴露在这个高度，皮下组织体液最先汽化，经过 1min 人体就会变成用水汽吹起来的"气鼓人"，使肺部丧失气体交换功能，发展到缺氧。又由于肺内压增高，影响呼吸循环功能，严重时可导致虚脱，甚至发展到呼吸停止。

随着高度的升高，大气越来越稀薄，氧气越来越少。人突然暴露在高空，经过数分钟后，会引起的缺氧反应称之为高空急性缺氧。按缺氧程度不同，分为轻、中、重、严重四种。当高度在 1.5～3.0km 之间时，相应的大气中氧分压已由海平面上的 21.33kPa 相应降到 17.66～14.60kPa；血液中氧分压由正常的 12.93kPa 相应降到 10～7.36kPa，这个高度属于轻度缺氧的高度。当高度在 4.0～5.0km 之间时，大气中氧分压相应降到 12.99～11.28kPa，而血液中氧分压分别降到 6.0～4.67kPa，这个高度属于中度缺氧。当高度在 5.0～7.0km 之间时大气中氧分压相应降到 11.28～8.60kPa，血液中氧分压相应降到 4.67～3.47kPa，显然这个高度属于重度缺氧。该型缺氧的基本反应症状是头晕，困倦，视力模糊，脑功效明显下降，呼吸代偿功能已不能满足需要，明显地出现了代偿障碍。严重缺氧的发生高度是从 7.0km 开始的。该型缺氧的基本反应症状是意识障碍（包括意识模糊和丧失两个阶段），呼吸循环代谢功能反而增强，从而更进一步加剧了大脑的缺氧。意识丧失是高空急性缺氧最危险的反应。急救（即解除缺氧）超过 150s 时，脑功能便不能完全恢复；再拖延时，便会因昏迷而死亡。当人体突然暴露在 12km 以上的高度时，外界大气压力已经很低，氧气含量甚少，这时人体不仅不能由外界吸入氧气，体内已有的氧气反而向外逆流（因身体内气压在减压前高于外界），再加上大脑无氧气储备，因此，当氧气迅速减少到意识阈值（即氧分压 3.20kPa）以下时，只需 10 余秒钟人的意识便立即丧失。这是一种非常危险的缺氧，称之为爆发性缺氧。如果这时不立即解除缺氧状态，则经数分钟便会因昏迷而死亡。

四、空间孤独及相容性问题

（一）航天员主要的心理障碍

1. 思乡病与恐惧症

在狭小的舱室中居住的航天员会产生抑制不住的孤独感、烦闷感和恐惧感。在太空飞行的初期，飞船上的紧张生活、太空的景色、奇异的生活环境或许会使航天员兴奋、新鲜与好奇。但长时间地待在窄小环境中，日夜重复单调的活动与试验，再加上日常生活也不同往常，例如不能用牙膏刷牙，只能嚼一种类似口香糖的胶状物；不能用毛巾和清水洗脸，只能用浸湿的纸巾擦脸；也不能正常淋浴；食物虽新颖但也难得吃上新鲜的蔬菜和水果。更严重的是，在失重状态下，人体下身的液体会涌到头部，致使面部肿胀，不太好受。而且航天飞行具有冒险性，稍有不慎便有生命危险，因此恐惧与担心经常会伴随他们。

2．人际关系

长期的太空飞行还会造成航天员的一些心理障碍，例如有时乘员之间相互不协调、不满意对方，甚至与地面工作人员产生对抗情绪。航天员的这种情绪常有周期性变化，时好时坏。

（二）解决航天员心理障碍的措施

1．在工程设计时必须考虑人的心理学问题

在进行飞船整体设计、布局座舱仪表及控制器时，需要考虑人的心理学问题。人们在设计仪表或其他物品时要考感到所安放的位置与颜色。

2．改善生活条件

对于航天食品，在注意营养和质量的前提下，采用多花样、多品种、多种口味的食品，并且在包装和外观上也做了改进"。此外，注意安排合理的生活制度以提高工作效率。在早期，由于航天任务需要，航天员每周工作 7 天，时间安排得太紧。经研究分析，认为飞行时间越长，航天员需要花费更长的时间休息和娱乐。

3．密切与航天员进行心理上的沟通

在航天员飞行时，要密切关注航天员心理上的变化，要注意采用各种方式预防心理障碍的产生（例如每天与航天员通话，报告家属及亲人的情况，安排航天员与亲人及朋友等的会面，传送图片、礼品等）。实践证实，航天员的心理支持十分重要，它是保证航天任务完成的关键措施之一。

4．重视航天员的心理选拔

航天员应该由精力充沛、办事果断、反应敏捷、进取心强、能耐受孤独和恶劣环境、能与人友好相处的人去承担。所以借助于对话以及进行一些简单的心理试验（例如应激能力以及情绪稳定性方面的试验、隔离试验等）去了解候选人的心理稳定性、个人品质、工作能力、应激能力，这是挑选合格航天员的有力措施。

5．加强对航天员的心理训练

心理问题在短时间的航天飞行中可能不会显得太重要，但在长期飞行中往往十分重要，因此要对航天员进行以下几方面的心理训练：

① 行为训练，主要培养航天员正确处理人与人之间的矛盾以及训练航天员与别人的谈话技巧。通过训练使他们在进入轨道飞行后有良好的教养以及处

理人际关系的技巧。

② 学会关心别人，当航天员在长期航天飞行中发生心理障碍时，减轻心理障碍的最有效方法是得到其他航天员的关心和帮助，因此在空间站上营造一个和睦、轻松、健康、愉快的环境气氛非常重要。

③ 进行相互协调的训练，据统计，民航中60%～80%的"飞行差错"与飞行员间的不协调有关。因此加强航天员相互协调方面的训练，强化协作技巧也是非常重要的训练项目之一。

第五节　基于模糊理论的地铁多灾耦合条件下人群疏散研究（拓展内容，需了解）

探讨地铁系统的人因安全问题

教学方法
讲授教学课件+课堂讨论+案例分析
课堂讨论与练习
举例说明智能型办公室的安全人机工程要求及其实现。
作业安排及课后反思
① 对某一具体的控制室进行安全人机工程评价与改进。
② 从安全人机工程学原理出发，对VDT操作者应采取哪些防护措施？
③ 产品人性设计的安全人机工程要求有哪些？

3.14　教学单元十四——安全人机工程学的实践与运用（下）

授课过程

课程名称	安全人机工程学	章节名称	安全人机工程学的实践与运用（下）	学时	2
教学日期		第 16 周			

教学目标

① 深刻理解产品人性设计中的安全人机工程的思想和内涵，做到灵活应用。

② 深刻理解道路交通运输安全人机工程的思想和内涵，做到灵活应用。

③ 深刻理解海军装备领域中的安全人机工程的思想和内涵，做到灵活应用。

主要内容

① 产品人性设计中的安全人机工程。

② 道路交通运输安全人机工程。

③ 海军装备领域中的安全人机工程。

拓展：相关事故分析。

重点：人性设计的概念与目的、人性设计的具体要求、道路交通安全系统、汽车的人机系统的基本概念、海军装备领域的人-机关系和人-环关系。

难点：汽车的人机系统设计、车辆安全设计、海军装备领域的人-机关系和人-环关系、海军装备领域的安全人机工程技术手段、海军装备领域的新型交互技术。

教学过程

第一节　产品人性设计中的安全人机工程（了解）

一、人性设计的概念和目的

所谓人性设计，主要是指新产品的设计处处为消费者着想，注重安全、耐用、方便、舒适、美观和经济等功能。注重人的自然属性，使新产品在物质技术上符合使用要求，同时按照人的心理特点，使产品经过艺术设计，在其外观上满足人的求美享受要求。科学的人性设计，是工程设计和工业设计的有机统一；对具体产品而言，是内实外美的综合体现，是实用质量（含安全耐用）与审美质量的和谐。

二、人性设计的要求

（一）产品的安全性能

（二）产品的可靠性

（三）产品的"舒适"效应

（四）产品的"内实"

（五）产品的"外美"

第二节　道路交通运输安全人机工程（熟悉）

道路交通运输安全人机工程主要内容包括以下三个方面：

① 人的方面：驾驶人员的生理、心理状态对运输作业系统的影响。

② 运输工具方面：操作装置、显示装置、驾驶空间、坐席、视界及作业环境的微气候等合理设计。

③ 环境方面：交通标志、道路设施等合理设计。

一、道路交通安全系统与驾驶人员的作业研究

（一）道路交通安全系统

道路交通系统是一个由人、车、路构成的动态系统。驾驶员从道路交通环境中获取信息，这种信息综合到驾驶员的大脑中，经判断形成动作指令，指令通过驾驶操作行为，使汽车在道路上产生相应的运动，运动后汽车的运行状态和道路环境的变化又作为新的信息反馈给驾驶员，如此循环往复，完成整个驾驶过程。因此，人、车、路（含整个环境）被称作道路交通系统的三要素。

（二）驾驶人员的作业研究

驾驶员的视觉特性：动视力、夜视力、视力适应、炫目、视力与烟雾、视

野、行驶中视空间的特性、色觉。

疲劳：驾驶员疲劳的原因是多方面的，主要有睡眠不足；驾驶时间过长；驾驶员自身身心条件造成疲劳；车内环境不好造成疲劳，如车内温度、噪声、振动；车外环境不良导致疲劳。

二、汽车的人机系统设计

（一）汽车座椅设计

（二）汽车显示装置设计

（三）汽车控制系统设计

（四）驾驶室的空间设计

（五）汽车的视野设计

三、车辆安全设计与交通安全设施

（一）车辆安全设计

车辆的安全装置主要包括：安全车身；安全带；安全气囊；安全玻璃；乘员头颈保护系统（WHIPS），侧门防撞杆。

（二）道路交通安全设施

道路交通安全设施包括：道路交通标志、道路交通标线、交通信号、物理隔离设施等。

第三节　海军装备领域中的安全人机工程（了解）

一、海军装备领域的人机关系和人环关系

（一）功能关系

人机功能关系涉及人机工作任务分工，人与装备系统的优势能力有哪些、哪些功能由系统完成，哪些功能由舰员完成；人的工作量分配，即当舰员与系统共同完成任务时，舰员应该参与多少工作量是合适的，从而使舰员保持合理的情感和认知需求及有效的工作效率；人工干预程度，当系统的自动化程度较高时，舰员应该在哪些关键步骤或阶段进行必要干预，确保系统安全。

（二）信息关系

人机信息关系主要包括人机界面信息显示和人机界面交互两个方面。在人机界面信息显示方面，装备软件界面的显示布局、显示格式及显示要素等要易于感知和理解，确保图形、表格、字符等重要信息能被舰员关注到。在人机界面交互方面，要确保人机界面各种类型的空间和操作单位满足舰员高效、便捷、舒适地获取信息、执行操作控制的需求。

（三）位置关系

在人机位置关系方面，硬件设备的外观外形，如操作域、视域、容积空间等方面要满足舰员的生理尺寸数据要求。舱室布置也要结合舰员的静态尺寸、活动空间和设备维修性和可靠性等因素，进行合理的工作舱室和生活舱室的内部布局设计。

（四）力的关系

各种输入装备，如触摸屏、轨迹球、按键等必须符合舰员的手指力、关节力、触感和姿势的要求和限制。人-环关系方面要重点考虑环境对人的影响规律、环境优化设计和人员防护措施等。噪声、振动、眩光等物理环境因素，温度、湿度、气流等舱室微气候环境因素，以及高压力、长航时等作战任务环境因素都会影响舰员的快速感知、记忆、联想、决策和情绪等。工作舱室和生活舱室环境的设计必须考虑舰员的生理、心理和认知特性，包括舱室空间布局、温湿度和气流、舱室照明与色彩设计等。当环境恶劣对舰员身体健康或作战任务有一定程度危害而不易改变时，必须为舰员配备防噪声耳机、防辐射服、抗浸防寒服、海上救生衣和抗疲劳药物。

二、海军装备领域的安全人机工程技术平台

（一）环境仿真分析技术

由于海军装备研制过程中很难直接获得真实的战时环境以及突发、非常规事件发生等条件下的工作环境，可通过安全人机工程中的环境仿真技术模拟多种环境条件，包括舱室空间、光照环境、噪声环境、振动环境、电磁环境等。

（二）测量技术

通过绩效指标测量个人或团队的任务完成时间、操作准确率和正确反应时间等。通过眼动追踪技术测量眼动指标，如注视时间、扫视幅度和瞳孔直径等；测量脑电、心电和皮肤电等生理指标；测量舰员工作状态，如脑力负荷、情景意识和疲劳等。

（三）实践技术

要求在控制条件下，探寻自变量与因变量之间的关系，在海军装备中，可以将软硬件的设计要素或环境要素作为自变量，舰员的作业绩效水平、眼动指标、生理指标、脑力负荷和情景意识等心理、生理和行为反应作为因变量，通过选择构建和控制实验条件、选取反应指标及测试设备、实施实验和统计分析实验结果，进而总结讨论得到实验结论。

三、海军装备领域的新型交互技术

（一）三维显示与交互技术

立体三维显示作为种全新的视觉模式，未来可用于设计三维海、陆、空态势图及三维军标等，使部队用户具有较强的立体沉浸感，提高战场态势感知。三维控制装置可对人直接施加视觉、听觉和触觉感受，允许人交互观察和操作，用于操作三维目标的输入设备，未来可通过三维鼠标、三维轨迹球等输入设备提高三维交互效率。

（二）多通道交互技术

军事领域未来可能会逐渐采用多通道交互技术，如利用视线跟踪技术代替键盘和轨迹球等输入设备；触觉反馈感应技术主要包括触觉感应和动作感应两种，未来可应用于新型显控台轨迹球和触摸屏设计中；生物特征识别技术，如利用人眼虹膜、掌纹、笔迹、步态、语音、人脸等特征进行身份识别，确保军事装备的安全性。

（三）虚拟现实技术

虚拟现实技术是一种综合应用各种技术制造逼真的人工模拟环境，并能有效地模拟人在自然环境中视、听、触觉等各种感知行为的人机交互技术。该项技术未来可结合安全人机工程学科知识，通过建立海军装备虚拟舱室环境和虚拟样机，进行舱室空间布局及内饰设计测试与评估、装备人机界面及交互测试与评估、装备的运动学和动力学分析，以及虚拟维修、虚拟装配等方面的评估。

（四）可穿戴智能设备的交互技术

该项技术未来可为舰员设计可穿戴增强现实装备，帮助舰员了解和掌握周边战场态势，包括友军位置、目标距离、当地卫星地图等信息显示在可穿戴屏幕上，还能根据士兵视线方向、远近及其所处位置，有针对性地提供信息在舰员的自然视线范围内穿戴健康设备，包括监测心率、呼吸、脑电、睡眠状态等指标，对全员的身体状况进行监测和分析，从而保证在岗执勤舰员能够胜任战备或战时任务；或设计可穿戴电池设备，未来可用于智能化单兵作战装备的电能供应，舰员穿上靴子或其他设备即可产生电量维持装备的电力需要。

（五）脑机交互技术

该项技术是指不依赖常规的脊髓/外周神经肌肉系统，在脑与外部环境之间建立一种新型的信息交流与控制通道，实现脑与外部设备之间的直接交互。未来还可能将舰员的大脑与电能通过多个频道互相连接，每个频道同时收集成千上万大脑神经元的信息，通过建立电能与特定大脑区域的神经元精确相连，提高舰员的战场态势感知和作战技能。

第四节　视频显示装置中的安全人机工程（拓展内容）

在人机系统中，机器通过人的感觉通道向人传递信息的装置称为信息显示器。人借助于信息显示器能获得关于器械的信息、环境的信息，并根据这些信息做出决策和反应。按照人接收信息的感觉通道的不同，可以将显示器分为视觉显示器、听觉显示器和触觉显示器，这里仅仅讨论视觉显示终端。视觉显示终端（visual display terminals，VDT）包括计算机、电视机、打印机、游戏机等。人们能够在显示屏前进行大量的计算、绘图、信息处理及工业生产的自动控制，VDT 也为人们的文化娱乐和生活提供了服务。它的优越性是明显的，然而显示终端所产生的危害也引起了众人的关注。大量的调查发现，VDT 操作者感觉眼部疲劳，肌肉骨骼不适，头痛、多梦、疲劳等。VDT 使室内空气中的阴阳离子比例失调，室内外温差大，容易导致人体感觉不舒适。因此，研究 VDT 对人体健康的影响，制定出符合人体生理标准的工作环境等是十分必要的。

一、对人体健康的影响

（一）对眼睛的影响

长期在视频显示终端屏幕前工作，感觉到视疲劳、视力模糊、调节功能出现障碍、眼角膜损伤等症状。

（二）骨骼肌肉的反应

长期在屏幕前操作有颈酸、颈痛、肩痛、腰痛、背酸无力、手腕感到过度疲劳等症状。

（三）对神经行为的影响

调查表明，长期从事 VDT 操作的人员大多常感到处在"精神紧张"之中，常伴有头痛、头晕、记忆力减退等症状。

二、对操作者健康的人机因素分析

（一）视频显示器本身

明极射线管是视频显示器的主要部件，它能够产生电磁辐射（如 X 射线、超高频、高频、超低频、极低频等）。

（二）操作室的环境因素

VDT 的作业环境多为空调室，因此常由于室内外温差较大而使 VDT 操作者患感冒。另外，有些操作室内的 CO_2 浓度和细菌总数明显超过卫生标准，再加上空气中的阴阳离子比例失调，所有这些都是影响人体健康的危害因素。此外，调查发现 VDT 工作室中臭味浓度很低，因此一旦室内空气被细菌污染，就可能导致病菌繁殖，危及工作人员的身体健康。

（三）作业姿势的影响

良好的工作姿势不仅能提高工作效率，而且可减少人体的疲劳。姿势的好坏一般与桌子的类型和高度，椅子的类型与座高，显示屏与键盘的布局，光照度与视距等因素有关。

三、对操作者健康的防护措施

（一）改善 VDT 操作室的环境

适宜的室内微小气候应使室内空气符合清洁的要求；要有合适的阴阳离子浓度和臭氧浓度（要控制臭氧浓度在 $0.279mg/m^3$ 的范围为宜)；另外，还要有足够的照度，不能产生阴影和眩光。

（二）减少 VDT 的电磁辐射

为了减少辐射可在视频显示器上加保护膜或滤色板。另外，计算机房不能太拥挤，要注意各单机之间、机与操作者之间的距离。

（三）从安全人机工程的角度对 VDT 操作室进行设计与改造

根据安全人机工程的宜人原理设计工作台椅，要将视频显示器的位置、键盘位置以及椅子高度设计为可调；桌下应有足够的空间（通常为 $1/3H$，$1H$ 为身高）；桌子的高度应为身高的 $10/19$，并且要配有可调节高度的椅子。显示屏的设计要符合安全人机工程原理（其中要求显示屏质量好，字体清晰，大小适宜；字符要尽量显示在视觉 30 左右为佳，视距在 $360\sim720mm$ 之间；显示屏应能移动;设计照明要合理，要以漫射光为宜，防止反射、眩光的产生）。

（四）作业者应保持合理的作业姿势

头向前倾的角度应小于30°,水平面夹角为-5°～+10°时前臂肌肉负荷较低，上臂与前臂不能成直角，前臂抬高 5°～30°，增加手臂休息频率，减少手臂因不适引起的劳损。腰背要有依靠，以降低腰背肌肉紧张度，减少疲劳。

第五节　选择适合的案例进行分析（拓展内容，案例分析）

教学方法
课件讲授+课堂讨论+案例分析

课堂讨论与练习
① 引起驾驶人员疲劳的主要因素有哪些？
② 为保证驾驶人员和乘客的安全，目前车辆的安全设计主要有哪些方面？

作业安排及课后反思
① 影响交通运输系统安全的人机工程内容主要有哪些方面？
② 驾驶员驾驶作业中的感知特性主要有哪些？
③ 为保证驾驶员驾驶中视野适宜，汽车设计时应注意哪些问题？

3.15　本章小结

教学过程是指教师根据一定的教学原理和教学方法，通过一定的教学手段和技巧，引导学生掌握一定的知识和技能，并发展其智力和能力的过程。课程实施方案是指根据一定的教育目标和课程理念，对课程实施的过程进行具体的规划和设计，以实现课程目标的过程。

教学过程和课程实施方案要包含以下要素。

教学策略：教师根据教学内容、学生实际情况和教学条件等因素，选择合适的教学策略，包括组织教学内容、设计教学程序、选择教学方法等。

教学活动：在教学过程中，教师根据教学目标和教学内容，设计具体的教学活动，引导学生参与学习，提高教学效果。

学生参与：学生是教学过程的主体，教师应积极引导学生参与学习，发挥其主观能动性，激发其学习热情和创造力。

教学评估：在教学过程中，教师需要通过一定的评估手段，及时了解学生的学习情况，调整教学策略和教学方法，提高教学质量。

根据以上要求本章进行了教学过程研究，并设计了课程实施方案。针对安全人机工程的内容和特点制定了教学实施方案。

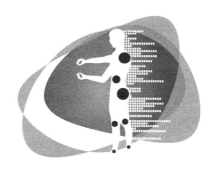

· 第四章 ·

安全人机工程课程要求、考核与完善

4.1　课程要求

4.1.1　学生自学的要求

现代教育理论提倡以学生为中心，强调学生"学"的"主动性"，教师的作用体现在组织、指导、帮助和促进学生的学习，充分发挥学生的主动性、积极性和创造性，从而使学生最有效地进行学习，以达到最优的教学效果。自学是大学生必备的一种能力，也是提高学习效率的一个重要环节。所以应要求学生做好以下两方面的工作。

（1）制定自主学习计划

进入大学后，以教师为主导的教学模式变为以学生为主导的学习模式。自主学习能力的高低成为直接影响大学生学习效果的主要因素。因此，制定符合自身学习目标的自主学习计划十分必要。对于低年级的大学生，自主学习计划可以先根据本门课程的实施大纲制定安全人机工程学的学期自主学习计划。适应之后再根据专业培养方案和就业目标制定一个学年甚至是整个大学阶段的自主学习计划。

（2）掌握高效的自主学习方法

知识的掌握是一个循序渐进的过程，良好的学习习惯和方法会提高学习效率。在自主学习一门课程时，首先应该阅读本门课程的教学大纲和实施大纲，了解安全人机工程学课程的主要学习章节和内容。此外，课程的教材、参考书以及网络资源都是学生自主学习专业知识的主要途径。通过这些资源可以更加深入地了解本课程的最新研究进展和知识更新情况，整理出知识的主线和脉络，补充教材中遗漏的知识。

针对安全人机工程课程对学生的自学提出以下要求：

① 根据每节课的课前任务，按照要求进行预习和自学，参考教学实施大纲，明确每节课的教学目标。

② 自学过程中将感到疑惑或不解的地方标出，或者列出自己不明白的问题，以备上课时留心听课，若在讲解过程中没有解惑，可向老师提问。

③ 每节课都有相应的练习题和作业，自学完每节课后可进行针对性的练习，检验自学效果，有问题可在线上或线下及时请老师答疑。

④ 自学每节课的教学内容时，可参考大纲中推荐的参考资料，加深和扩展学习效果。

⑤ 自学时可利用爱课程视频公开课资源和中国大学慕课资源，观看本课程的教学视频，提高自学效率和效果。

4.1.2　课外阅读的要求

课外阅读资源包括依据本课程性质要求开发的各种教学材料以及该课程可以利用的各种教学资源、工具和场所，主要有各种案例材料、视频资料、计算机软件及网络、图书馆，以及专业期刊、电视广播，校园内外各种场所，包括商业场所、工厂企业等。课程的课外阅读主要包括相关的参考教材、专著、期刊文献等，具体要求如下：

① 安全人机工程课程的参考教材主要是为了扩充和深化教学内容，便于学生预习或自学，要求学生在每节课的课前预习或课后拓展进行学习。

② 专著、期刊文献是为了提升学生学术和科研能力，培养学生阅读专业文献和发表专业论文的技能，是教学的升华，根据具体教学内容和进度，学生定期开展有目的的文献查阅、专著阅读和针对某一课题研究现状的总结，并要求学生掌握文献检索及阅读外文期刊的能力。

各种课外阅读资源作为配合课程教学使用的助学资源，必须符合以下要求：

①内容符合课程标准要求，目标明确，取材合适；②符合认知规律，逻辑性强，利于学生知识与能力的建构；③媒体资源使用恰当，和传统教学方法相得益

彰，互动性好；④文字、符号、公式、计量单位符合国家标注或惯例；⑤教师教学中不能过分依赖课件，尤其是文字表述内容。

课程学习过程中，引导学生访问应急管理部、国家市场监督管理总局等官方网站，查询各类安全人机工程相关信息；访问清华大学、首都经贸大学、北京理工大学、湖南科技大学、中国地质大学、中国矿业大学、中国科技大学等高校网站查询相关科研院所安全人机工程学教学科研团队学术前沿信息；引导学生通过图书馆电子数据库查询各类期刊论文；引导学生通过图书馆以及学院资料室，查阅各类安全人机工程学方面的各种图书杂志。

4.1.3　课堂讨论的要求

课程在教学过程中，较多地采用讨论式教学，通过讨论，让更多的同学参与到课堂中来，尽可能激发学生的学习兴趣和自主学习能力。讨论要求以小组的形式完成，部分题目需要小组陈述本组观点。

学生需要积极有效的参与。首先，要求所有的学生都要参与讨论，尤其是性格内向、沉默寡言的学生特别需要关注，并引导他们参与进来，尽量发言。其次，学生的发言机会要保持平衡，尽量不要集中在某几位同学之中。最后，教师的发言控制讨论的节奏，并对学生的讨论加以点评。具体要求如下：

①要求学生根据老师布置的课前学习任务，查阅相关工具书、阅读材料和网络资源，为课堂讨论做准备；②开展讨论时，由老师提出问题，要求每组成员在组长组织下一一进行发言，并记录，最终由组长总结发言，所有小组发言完毕后由老师进行总结，指出大家的问题和不足；③练习题讨论，要求小组组长总结各小组成员的不同方法（包括错误），老师根据各小组总结，指出典型的错误和优秀的解题思路，及时对教学漏洞进行补充；④作业总结讨论，针对普遍错误进行讨论，要求回答错误的学生进行发言，并让回答正确的学生指出错误，纠正错误，加深印象；⑤要求课堂讨论时用标准普通话，声音清晰洪亮。如需板书辅助，粉笔字的大小应适宜、笔画清晰；⑥强调使用规范的课堂用语，并注意给定的时间；⑦教师需要视情况对课堂讨论的情况进行点拨提升，启发学生将问题讲清楚讲明白。

4.1.4　课程实践的要求

安全人机工程学是一门实践性很强的学科，在教学计划中专门设置实验课时，在课堂案例分析与课后反思过程中，带着问题配套设置了 6 个课程实验环节。实验以小组的形式完成，需要积极有效的参与，并对理论及数据进行分析。结论以实验报告形式呈现。实验报告包括以下内容：

①实验名称；②实验目的；③主要仪器设备：列出实验中主要使用的仪器设备；④内容及程序：简明扼要写出实验步骤及流程；⑤结果与分析：应用文字、表格、图形等将数据表示出来，根据实验要求对数据进行分析讨论和处理；⑥问题讨论：结合所学理论知识，对实验中的现象、数据、产生的误差等进行分析和讨论，以提高自己分析问题和解决问题的能力，为后续课程及科学研究打下基础。

4.2　课程考核

4.2.1　考核要求

（1）出勤

出勤是课堂教学的重要环节，学生不得无故旷课、迟到、早退。出勤计入平时成绩，其中旷课一次扣 3 分，迟到和早退一次扣 1 分，若三次考勤无故不到者，取消本学期考试资格。如有请病假、事假者，须出具有效证明（医院开具的病假条、学院开具的事假证明）。

（2）课堂讨论和案例分析

在课堂教学环节中设置了多个不同难度梯度不同类型的思考题、讨论题和案例分析，鼓励同学们积极思考并主动回答问题。同时，若同学们对上课讲授过程中的任一知识有疑问，均可示意老师，师生共同探讨。根据回答问题和小组讨论的情况，在平时成绩里相应加 1～3 分。对于主动回答问题的同学，以及在小组讨论环节提出有创新观点的同学，在平时成绩里相应加 1～3 分。

（3）作业

本学期将在每一教学单元布置课后作业，要求同学们在每单元结束时按时完成作业并将其交给课代表。作业质量要求：书写认真、规范，格式符合要求，书面整洁。未达到要求，每次扣 1 分。课后作业要求独立完成，根据解答情况分 A、A-、B、B-、C 五个等级，杜绝抄袭，一旦发现，取消当次作业成绩。

（4）实验报告

教学过程中，开展课内实验部分。要求学生分成小组，将实验内容、实验结果以实验报告的形式展示，并给出针对性的解决方案，做到有理论有数据有真相，根据实验报告情况分 A、A-、B、B-、C 五个等级，杜绝抄袭，一旦发现，取消实验报告成绩。

4.2.2　成绩的构成与评分规则说明

建立以学生为主的多元评价体系，有利于更好地进行安全人机工程学的课程思政教学创新模式探索。总评成绩由平时成绩和期末卷面成绩构成，平时成绩主要参考期中测试、出勤情况、课后作业、课堂讨论、案例分析等环节，并结合学生的学习态度和课堂表现，占总成绩的 30%。平时成绩评分规则由课堂统计报告与教师手工记录来共同考量。期末卷面成绩占总成绩的 70%，期末考试评分规则另行制定。强调过程性考核的多元评价成绩构成如表 4.1 所示。

表 4.1　强调过程性考核的多元评价成绩构成表

一级指标	二级指标	权重
学习态度	课程思政领悟情况	5%
	理论应用于实际情况	5%
课堂表现	出勤率	5%
	课堂讨论与案例分析	5%
书面测试	期中测验成绩	5%
	课后作业完成情况	5%
期末考试	期末卷面成绩	70%

4.2.3　考试形式及说明

安全人机工程课程为闭卷考试，120 分钟完卷，满分 100 分，共五种题型，分别为：名词解释（2′×5=10 分）、填空题（2′×10=20 分）、选择题（2′×5=10 分）、判断题（2′×10=20 分）、简答题（4′×8=32 分）及论述题（8′×1=8 分）。

考试过程中，允许带计算器，但不能带有记忆功能的计算器。考试当中不得交头接耳，更不能作弊，否则按学校及国家相关规定进行处理。

考核内容应该尽量覆盖教学大纲的内容，内容应侧重理论知识的灵活应用，并体现安全人机工程的理论和原理对安全生产和安全管理的指导。

4.3　课程资源

4.3.1　教材与参考书

教材：廖可兵、刘爱群，《安全人机工程学》，应急管理出版社，2020。

参考书：①王保国、王新泉、刘淑艳、霍然，《安全人机工程学》（第2版），机械工业出版社，2022；②李辉、程磊，《安全人机工程学》，中国矿业大学出版社，2018；③孙贵磊，《安全人机工程学实验与拓展》，应急管理出版社，2020；④赵江平，《安全人机工程学》（第2版），西安电子科技大学出版社，2019。

4.3.2　专业学术著作

①郭伏、钱省三，《人因工程学》第二版，机械工业出版社，2017；②丁玉兰、程国萍，《人因工程学》，北京理工大学出版社，2013；③傅贵，《安全管理学——事故预防的行为控制方法》，科学出版社，2013。

4.3.3　专业刊物

国内刊物：①《中国安全科学学报》；②《中国安全生产科学技术》；③《安全与环境学报》；④《机械工程与技术》。

国外刊物：Risk Analysis、Reliability Engineering and System Safety、Journal of Hazardous Materials、Fire Safety Journal、Accident Analysis and Prevention。

4.3.4　网络课程资源

① 爱课程网，人因工程学，郭伏、金海哲，东北大学，（中国大学MOOC）。

② 爱课程网，人因工程学，薛庆、刘敏霞，北京理工大学，（中国大学MOOC）。

③ 爱课程网，人机工程学，张祖耀、张振华、朱媛、姜燚威，浙江理工大学，（中国大学MOOC）。

④ 爱课程网，人机工程学，欧静，湖南大学，（中国大学MOOC）。

⑤ 学校云，安全人机工程，刘建平、谭汝媚，西南科技大学，（中国大学MOOC）。

⑥ 网易公开课，安全人机工程学，常熟理工学院。

4.3.5　课外阅读资源

学校图书馆拥有各种图书期刊和电子图书，安全人机类教材及参考书目资料丰富可供借阅；另外，学院资料室收藏着大量图书、新出版的各类安全相关的期刊杂志及参考资料可借阅。

学校图书馆建立了馆藏书目数据库，购买各种电子资源包括中国学术期刊全文数据库、人大复印资料网络版、中文科技期刊数据库、超星电子图书、Elsevier SD、SpringerLink、JSTOR、PQDD、EBSCO 等电子资源数据库；此外，还收藏了大量有关教学科研、中外历史文化、经典名片等方面的光盘，以及自建的本校教师科研成果、学位论文、精品课程、考研辅导、教师教育等特色数据库可供师生免费利用。

另外，安全人机工程类网络资源丰富，专业网站、人机安全协会网站、其他相关高校科研院所团队网站、专业软件、专业类微信公众号等具有大量经典、前沿专业信息可供选择阅读与学习提高。主要推荐以下网站：

①中国人类工效学学会；②清华大学人因工程与智能交互研究所；③深圳大学人因工程研究所；④湖南工学院人因与安全工程研究院

4.4　课堂规范

4.4.1　课堂纪律

课堂教学过程中学生应遵守相应的课堂纪律：

①在教学过程中，学生要尊敬教师、尊重教师的劳动，接受教师的指导；②学生在课堂上应认真听讲，做笔记，穿着得体，保持课堂严肃安静；③学生在课堂上不得随意讲话，如提问或发言，应先举手示意；④学生不得无故迟到、早退，进出教室时不得影响他人学习和教师讲课；⑤学生不能在课堂上接听电话，不能观看与学习无关的视频，更不能在课堂上玩手机游戏，影响教师讲课和他人听讲；⑥学生在教室不得随地吐痰、乱扔废弃物，更不能在教室内打闹、喧哗，保持教室的良好环境和卫生；⑦学生要爱护教室内的公物、设备，遵守实验室的纪律，损坏公物、设备要照章赔偿；⑧不得携带食物进入课堂食用，

不得在教室内吸烟，学生在课堂上的举止言行应该文明、得体，不得有不礼貌的言语和举动；⑨学生应靠前排就座、上课期间不随意进出教室，如因特殊情况确需离开的，须经任课老师同意；⑩如有特殊情况需要请假的，要事先请假（电话请假亦可），否则按旷课计算，且事后不得补假。请假超过三天的，需院部领导签字批准。

学生要自觉遵守上述纪律，对违反课堂纪律的行为，教师可及时批评指正，如有干扰教学者视情况扣除平时成绩 5～10 分。

4.4.2　课堂礼仪

学生应尊重教师，自觉遵守《高等学校学生行为准则》和学院规定的学生守则、各项纪律和行为规范，培养良好的课堂礼仪，服从校历规定和个人课表计划，认真完成所修课程的教学过程。

① 课前：不穿拖鞋、不只穿背心、短裤进入教室；提前 5 分钟到达教室，迟到应向老师同学道歉；手机要调为静音状态，不能和同学大吵大闹。若是情侣一起上课，不要有不雅的动作；上课铃响，学生应迅速进入教室安静端坐，准备好教材、笔记本等学习用品，等候老师上课；当教师宣布上课时，全班应迅速肃立，向老师问好，待老师答礼后，方可坐下；若因特殊情况，学生不得在教师上课后进入教室，应先得到教师允许后，方可进入教室。

② 课中：上课时，专心听讲，认真思考，独立思考，重要内容应做好笔记，积极回答老师提出的问题；发言或是提问要举手，经老师同意后再起立回答；提问或发言时，要求使用标准普通话，声音要清晰响亮。

③ 下课：听到下课铃响时，若老师还未宣布下课，学生应当安心听讲，不大吵大闹，不要忙着收拾书本；老师宣布下课后，方可离开教室；若是最后一个离开教室，应自觉关灯、关窗、关门等。

4.5　学术诚信

4.5.1　考试违规与作弊处理

考试违规与作弊按照学校学生考试违纪及作弊处理办法进行处理，具体如下。

下列违纪情形之一者，取消考试资格，令其退出考场，该科成绩无效，并给予警告处分：

①不按要求就座，且拒不听从监考人员安排；②未带规定的考试证件，且拒不回答监考人员查问；③开考信号发出前答卷，或考试终结信号发出后继续答卷；④在考场内大声喧哗、吸烟，或有其他影响考场秩序的行为，经劝阻不改；⑤提前交卷后，在考场附近逗留、交谈，影响他人考试，经劝阻后不改；⑥考试结束信号发出后，监考人员未收齐试卷或答卷而擅自离开考场；⑦有其他违纪行为。

下列严重违纪情形之一者，取消考试资格，令其退出考场，该科成绩无效，并给予留校察看处分：

①严重违反考纪，骚扰考场，影响正常的考试秩序，造成考试事故；②有第一条所列情形之一，不服从处理，干扰考场，肆意纠缠、威胁或公然侮辱、诽谤、诬陷监考人员和考生；③干扰考试评卷工作，纠缠、威胁、诬陷评卷教师和教务管理人员。

有下列作弊情形之一者，终止其考试，令其退出考场，该科成绩无效，并给予记过处分：

①窥视、抄袭他人答卷或者与考试内容相关的资料；②有意移动答卷，让他人窥视、抄袭试题答案或者与考试内容相关的资料；③提前交卷后，有意在考场逗留，向他人提供试题答案；④互对答案、传递答案；⑤互打暗号、手势的合谋作弊；⑥在考试中使用通信工具；⑦论文抄袭，经教育不改；⑧有其他考试作弊行为。

有下列作弊情形之一者，终止其考试，令其退出考场，该科成绩无效，并给予留校察看处分：

①闭卷考试，以各种形式夹带、隐带、隐写与考试课程有关的内容或者携带存储有与考试内容相关资料的电子设备；②抢夺、窃取他人试卷、答卷（含答题卡、答题纸等）或者强迫他人为自己抄袭提供方便；③根据试卷卷面答题内容，阅卷教师发现，经教务部门审核确认属试卷雷同、抄袭等行为；④利用上厕所之机，或谎借其他理由离开考场，偷看或给他人传递与该考试课程有关的内容；⑤隐卷不交，或将试卷带出考场；⑥故意销毁试卷、答卷（含答题卡、答题纸等）或者考试材料；⑦通过伪造证件、证明、档案及其他材料获得考试资格和考试成绩；⑧其他考试作弊行为。

有下列严重作弊情形之一者，终止其考试，令其退出考场，并给予开除学籍的处分：

①由他人代替考试或替他人参加考试；②有计划有组织的集体作弊；③已构成考试作弊，不服从处理，肆意纠缠、威胁、侮辱、诽谤、诬陷监考人员；④偷盗试卷；⑤剽窃、抄袭他人研究成果，情节严重的；⑥屡次违反学校规定受到纪律处分，经教育不改；⑦有其他情节严重的作弊行为。

4.5.2　杜撰数据、信息处理等

在教学过程中，应该培养学生学术诚信品德，培养学生学术诚信意识，无论是课程报告还是文献综述，所有数据、信息都必须真实可靠，不可杜撰，不可妄自揣测，否则将被认定为学术造假。课程教学过程中，有作业及课内实验，若学生在作业、实验过程中，出现杜撰和伪造数据等情况，给予严厉警告，要求重新完成作业及实验内容。

4.5.3　学术剽窃处理等

本课程对任何形式的抄袭和剽窃均"零容忍"。抄袭和剽窃行为一经发现，直接取消该生的本门课程成绩，将其提交给学校相关部门，并按照国家和学校的相关规定进行处置。

4.6　教学合约

4.6.1　阅读并理解课程实施大纲

课程实施大纲明确规定了在一定期限内课堂教学的具体内容，包括课程目标、课程内容、重点难点、课程时间安排、出勤、作业、考试以及其他与课程相关的政策和规定等。这既对教师的授课行为起到了很好的约束作用，同时也规范和制约了学生的学习行为。课程实施大纲一旦确定，师生双方必须按照所规定的内容履行各自的责任，任何一方都不能擅自违反。学生在上课前需要认真阅读本大纲，做好课前预习和课后作业。针对其中网络资源和期刊文献，要求学生提前完成预习和阅读任务，以扩展专业知识、开阔视野。期待通过安全人机工程课程实施大纲的开展和实施，使学生们更好地学习本门课程。

4.6.2 同意遵守大纲阐述的标准和期望

本课程实施大纲中所阐述的各项标准和期望，是根据学生实际情况及专业特点提出的，是切实可行的，教学过程中老师和学生都应遵守。

在开课前向学生提供课程实施大纲，且在教学过程中遵守课程实施大纲中阐述的标准，严格按照课程实施大纲进行教学，积极准备每堂课，认真上好每一节课。同时积极和其他专业课程教师交流学习，对于安全人机工程学出现最新相关研究成果，也将在课程中补充更新，并讲授给学生，增加学生对安全人机工程课程的理解和兴趣。为使学生有效完成课程的学习，要求学生仔细阅读课程实施大纲的具体内容，遵守课程实施大纲的要求，并务必在开课后一周内将学生本人签名的"安全人机工程课程实施大纲实施守则"返还给任课教师，逾期未返还者，将被视为自动放弃修读本门课程。

《安全人机工程》课程实施大纲实施守则示例

1. 我已认真阅读《安全人机工程》课程实施大纲，并清楚理解其中所陈述的内容。

2. 我认同认可教师针对课程实施所提出的标准及期望。

3. 我同意遵守本课程实施大纲中所阐述的课堂规范、作业及考核方式等规定。

4. 我已阅读《普通高等学校学生行为准则》和《四川师范大学学生管理规定》的相应内容，并明白四川师范大学对违反学术道德的界定及惩罚办法。

5. 我清楚了解《四川师范大学学生违纪及作弊处理办法》的相关规定并愿意遵守。

签名：

学号：

日期：

4.7　　其他说明

如果由不可抗力原因（恶劣天气、地震等）造成无法上课，教师会提前通过QQ、电话或电子邮件通知学生，并且在教室门口张贴通知。

4.8　　本章小结

本章内容规定了在教学大纲实施之后的一些关键事项和需要注意的问题。对于课程实施过程和之后的关键文件和记录必须要留存。因此，本章重点规定了课程要求、课程考核、课程资源、课堂规范、学术诚信、教学合约和其他需要注意的事项。当然具体内容还是需要针对课程内容、学生情况和学校规定加以调整。

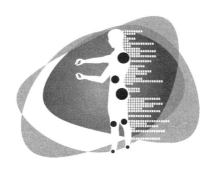

第五章

总结与展望

5.1 总结

本书内容主要分为四大部分，从课程实施与方案的准备、教学日历的编制、教学过程与教学单元、考核与完善四部分对安全人机工程的教学全过程进行了阐述。

课程实施与方案的准备是后期制定教学计划的基础，同时也决定了教学大纲实施和方案编制的成败。因此，课程实施与方案的准备应实现下列目标：了解学生的基本情况、设定学生的学习目标、评估学生的学习成果及一些注意事项。

教学日历的编制方面，从教学日历的作用、编制依据、日历编制和实施四个方面讨论了教学日历的特点和作用。

教学过程与教学单元方面，教学过程是指教师根据一定的教学原理和教学方法，通过一定的教学手段和技巧，引导学生掌握一定的知识和技能，并发展其智力和能力的过程。教学单元是指根据一定的教育目标和课程理念，对课程实施的过程进行具体的规划和设计，以实现课程目标的过程。认为应满足教学策略、教学活动、学生参与和教学评估的要求。针对安全人机工程的内容和特点制定教学实施方案。

课程要求、考核与完善方面，规定了课程要求、课程考核、课程资源、课堂规范、学术诚信、教学合约和其他需要注意的事项。

5.2 展望

安全人机工程是一个涉及多个学科领域的综合性学科，其研究目标是保障人类在各种工作环境中的安全与健康。就安全人机工程而言未来可能在如下几个方面有所突破。

人工智能在安全人机工程中的应用：随着人工智能技术的不断发展，将其应用于安全人机工程中将成为未来的研究热点之一。例如，利用人工智能技术对工作环境中的危险因素进行监测与预警，提高生产过程中的安全性。此外，还可以利用人工智能技术对事故进行模拟和分析，为预防类似事故的发生提供参考。

人机协同安全性的提升：随着人机协同工作的普及，如何提高人机协同的安全性将成为未来的重要研究课题。这包括对人机界面设计的研究，如何更好地适应人的生理和心理特征，减少因界面设计不合理导致的安全事故。此外，还需要研究如何优化人机协同工作流程，减少因流程设计不合理导致的安全事故。

工业安全与健康的结合：未来的研究将更加注重工业安全与健康的结合。例如，对于一些危险系数较高的行业，如化工、矿山等，如何减少工作人员暴露于危险环境中的时间，以及如何对工作人员进行有效的安全培训将成为研究的重点。此外，对于一些长期处于静态或动态压力环境下的人群，如何进行健康管理也是未来研究的重点之一。

安全人机工程的普及和推广：随着人们对安全人机工程认识的不断提高，如何将其普及和推广到更多的行业和领域将成为未来的重要任务。例如，对于一些新兴行业，如智能制造、航空航天等，如何引入安全人机工程理念，保障工作人员的安全与健康将成为未来的研究重点之一。

因此对安全人机工程课程实施与方案研究也要朝这些方面逐渐倾斜，使安全人机工程教学及研究与时俱进，成为一个不断发展、不断创新的学科。而对于安全人机工程的研究成果传授给学生就更加需要贴合实际的课程实施方案，这取决于学生情况、学科发展和学校定位。因此本书中的内容并不是固定的，而是需要教学工作者熟悉并有所发展的。希望本书的内容能为安全人机工程的课程教学进步与发展提供一些支持。

参考文献

[1] 彭志华, 尹进田, 唐杰, 等. 工程教育认证背景下应用技术型高校电机学课程教学大纲的改革研究与实践[J]. 现代农机, 2022(05): 84-86.

[2] 张友志, 顾红春. 基于"工程师能力-认证标准-专业规范"要求的土木工程专业课程教学大纲研究——以建设法规课程为例[J]. 高等建筑教育, 2022, 31(01): 105-112.

[3] 张波, 刘辰昊, 何腾飞, 等. 基于互动式教学大纲模式的专业研讨类课程教学改革实践研究[J]. 创新创业理论研究与实践, 2021, 4(18): 155-158.

[4] 董赟, 沈婷婷. OBE 理念下应用型本科专业课程教学大纲编制研究[J]. 现代交际, 2021(14): 19-21.

[5] 王晓春. 互动式教学大纲在大学英语教学中的应用研究[J]. 大学, 2021(19): 129-132.

[6] 杨福, 钱功明, 祝淑芳. 基于工程教育专业认证互动式教学大纲的应用研究[J]. 轻工科技, 2021, 37(05): 210-211.

[7] 张勇斌, 梁荣华. 以学生为中心的高校教学大纲管理模型研究[J]. 北京印刷学院学报, 2020, 28(03): 143-146. DOI: 10. 19461/j. cnki. 1004-8626. 2020. 03. 037.

[8] 许晶, 刘楠楠, 于杰. 高等数学Ⅰ期末考试与教学大纲的一致性研究[J]. 白城师范学院学报, 2019, 33(Z2): 80-84+89.

[9] 余忠彪. 民办高校教学大纲改革探索——以 S 高校推广"符合国际规范教学大纲"为例[J]. 教育观察, 2019, 8(04): 117-120.

[10] 温琳, 杨贤慧, 王慧. 财务分析课程教学大纲研究——基于 IE-CDIO-CMM 教育理念[J]. 财会通讯, 2018(04): 45-48.

[11] 毛智. 生源背景多元化的高职英语教学设计——以高中、中职英语教学大纲比较研究为基础[J]. 中国高校科技, 2017(S1): 108-109. DOI: 10. 16209/j. cnki. cust. 2017. s1. 059.

[12] 王凯, 张秀兰, 侯敏, 等. 基于工程教育认证标准构建标准化课程教学大纲——以武汉工程大学化学制药工艺学课程大纲为例[J]. 化工高等教育, 2016, 33(05): 6-11.

[13] 朱冬. 高校新设专业课程互动式教学大纲研究[J]. 科教导刊(中旬刊), 2016(20): 66-67.

[14] 刘涛, 黄悦, 白石. 互动式教学大纲在运动解剖学教学中的应用研究[J]. 解剖科学进展, 2016, 22(01): 113-114+116.

[15] 王亦明, 许文静, 徐祗坤. 当前高校课程教学大纲编制的改进建议[J]. 经贸实践, 2015(16): 216-217.

[16] 朱方, 许小红, 陈明毅, 等. "安全人机工程"线上线下混合式教学改革及实践[J]. 安全, 2022, 43(03): 56-59.

[17] 代张音, 江泽标. 安全人机工程学课程思政建设探究[J]. 科教文汇, 2022(02): 95-98.

[18] 董陇军, 邓思佳, 闫艺豪. 岩体失稳灾害人机环系统监测与灾害防控——智能安全人机工程学及教学实践[J]. 安全, 2021, 42(10): 1-10+89.

[19] 龚彬彬. 基于 JITT 模式的混合式教学课程改革——以安全人机工程课程为例[J]. 装备制造技术, 2021(08): 142-144.

[20] 岳丽宏, 王玉华, 马池香, 等. 基于工程教育专业认证 OBE 理念的安全人机工程实验室建设研究与实施——以青岛理工大学为例[J]. 中国教育技术装备, 2021(14): 1-5+8.

[21] 代张音, 江泽标. "安全人机工程学"线上线下混合式教学模式改革与探索[J]. 大学, 2021(07): 139-141.

[22] 黄素果, 刘义磊, 许浪, 等. 基于 OBE 教育理念的"安全人机工程"课程改革探索[J]. 创新创业理论研究与实践, 2020, 3(19): 25-27.

[23] 黄优, 王洪波. "模块化"教学模式在《安全人机工程学》课程中的应用研究[J]. 高教学刊, 2020(25): 90-92. DOI: 10.19980/j.cn23-1593/g4.2020.25.026.

[24] 陈娟. 安全人机工程课程改革初探[J]. 山东化工, 2020, 49(15): 181+183.

[25] 胡莹莹, 贾新磊, 曹青, 等. 基于立德树人的安全人机工程德融课堂教学研究[J]. 山东化工, 2020, 49(13): 194-195+211.

[26] 张巨洲. 安全人机工程课程教学模式探索与改革[J]. 教育现代化, 2020, 7(05): 36-37.

[27] 胡莹莹. 基于翻转课堂的安全人机工程教学平台的构建[J]. 中国现代教育装备, 2019(21): 44-46. DOI: 10.13492/j.cnki.cmee.2019.21.012.

[28] 李辉, 段振伟, 程磊. 新工科背景下《安全人机工程》课程体验式教学模式的探讨[J]. 教育现代化, 2019, 6(86): 127-130.

[29] 廖可兵, 刘爱群. 安全人机工程学[M]. 北京: 应急管理出版社, 2020.

[30] 王保国, 王新泉, 刘淑艳, 霍然. 安全人机工程学[M]. 2 版. 北京: 机械工业出版社, 2022.

[31] 李辉, 程磊. 安全人机工程学[M]. 北京: 中国矿业大学出版社, 2018.

[32] 孙贵磊. 安全人机工程学实验与拓展[M]. 北京: 应急管理出版社, 2020.

[33] 赵江平. 安全人机工程学[M]. 2 版. 西安: 西安电子科技大学出版社, 2019.

[34] 郭伏, 钱省三. 人因工程学[M]. 2 版. 北京: 机械工业出版社, 2017.

[35] 丁玉兰, 程国萍. 人因工程学[M]. 北京: 北京理工大学出版社, 2013.

[36] 傅贵. 安全管理学——事故预防的行为控制方法[M]. 北京: 科学出版社, 2013.